MENTOR-REPETITORIEN

Band 3

Rechnen III

Dreisatz-, Prozent- und Zinsrechnung

Von
Oberstudienrat Theo Kühlein

Mit 34 Abbildungen

**MENTOR VERLAG
MÜNCHEN**

Die Bezeichnung
„Mentor-Repetitorien" ist als Warenzeichen gesetzlich geschützt

Abkürzungen und Zeichen
(siehe auch Bd. 1 und Bd. 2)

Flächenmaße:	m^2	= Quadratmeter
Raummaße:	m^3	= Kubikmeter
Geschwindigkeit:	km/h	= Kilometer in der Stunde
	m/s	= Meter in der Sekunde
	Mio	= Million
	Mrd	= Milliarde
	PP	= Produktprobe
	ggT	= größter gemeinsamer Teiler
	$>$	: größer als
	$<$	: kleiner als
	$\gg$	: viel größer als
	$\ll$	: viel kleiner als
	$\approx$	: ungefähr gleich
	$\triangleq$	: entspricht

Auflage: 5. 4. 3. 2. 1.   *Letzte Zahlen*
Jahr: 1980 79 78 77 76   *maßgeblich*

© *1952, 1976 by Mentor-Verlag Dr. Ramdohr KG, München*
Zeichnungen: Wolfgang Preiss
Druck: Druckhaus Langenscheidt, Berlin-Schöneberg
Printed in Germany · ISBN 3-580-63031-8

Vorwort

Der vorliegende Band „Rechnen III" erscheint nach 14 Auflagen in völliger Neubearbeitung sowohl hinsichtlich der Stoffauswahl als auch der Gliederung. Er ist vorwiegend dem Dreisatz, der Prozent- und Zinsrechnung gewidmet, das ist etwa der Unterrichtsstoff in der 7. Klasse (Quarta) der Gymnasien.

Bei dem Dreisatz kommt es vor allem auf das sichere Erfassen eines geraden bzw. umgekehrten Verhältnisses an – spielen doch diese Begriffe bei physikalischen Beziehungen eine große Rolle. Im übrigen baut die Prozentrechnung auf dem Dreisatz auf.

Ein Blick in das Inhaltsverzeichnis zeigt die Fülle der auftretenden Themen. Schritt für Schritt wird der Schüler in die Denk- und Rechenweise der einzelnen Sachgebiete eingeführt. Den zahlreichen Beispielen sind nach Bedarf erläuternde Abbildungen beigegeben. Fast 250 Aufgaben mit den Ergebnissen, meist auch mit Andeutung des Lösungsweges, geben Gelegenheit, sich mit dem Stoff vertraut zu machen und die erforderliche Sicherheit zu gewinnen. Der Schüler sollte sich die Mühe machen, die Aufgaben abzuschreiben und nur dann die Anleitungen heranzuziehen, wenn er durch eigenes Bemühen nicht zurecht gekommen ist. Die in Bd. 1 und Bd. 2 erlernten Rechenvorteile sollten, wo immer möglich, angewandt werden; an passender Stelle wird darauf verwiesen.

Auch für Berufs- und Handelsschüler wird dieser Band von Nutzen sein. Eltern werden ihn gern zu Rat ziehen, um ihre Kinder bei der Wiederholung des Stoffs oder beim Ausfüllen von Lücken zu unterstützen.

Die Prozentrechnung nimmt im täglichen Leben einen wichtigen Platz ein. Man kann deshalb nicht auf Aufgaben über Preise und Löhne, sowie auf Statistiken verzichten mit der Begründung, daß diese Angaben zeitlichen Schwankungen unterworfen seien. Wenn sie nach mehreren Jahren überholt sein sollten, dann kann das für den Leser ein willkommener Anlaß sein, die betreffenden Aufgaben mit den gültigen Werten durchzurechnen.

Neu aufgenommen wurden einfache physikalische Aufgaben aus Gebieten, mit denen der 12- oder 13-jährige schon in Berührung gekommen ist. Die dafür benötigten Begriffe und Gesetze sind im Anhang zusammengestellt.

Nach den gesetzlichen Normvorschriften sind ab 1. 1. 1978 einige bisher gebräuchliche Einheiten (Torr, Kilokalorie, Pferdestärke) nicht mehr zulässig. Die nach dem Internationalen Einheitensystem (Système International d'Unités, kurz SI) festgelegten neuen Einheiten sind, soweit sie den in diesem Band behandelten Stoff betreffen, im Anhang (5) angegeben.

Mit diesem Band findet das reine Zahlenrechnen seinen Abschluß. Bei allen Aufgaben der in Bd. 1 bis Bd. 3 behandelten Anwendungen hatten wir es stets mit ganz *bestimmten* Zahlenaufgaben zu tun, etwa die Berechnung der Zinsen für ein bestimmtes Kapital bei einem bestimmten Zinsfuß in einer bestimmten Zeit. Der „Praktiker", der tagtäglich derartige Berechnungen ausführen muß, kann unmöglich jede Aufgabe mit dem Dreisatz lösen. Er muß seine Arbeit „rationalisieren", indem er die immer wiederkehrenden gleichartigen Aufgaben sozusagen auf einen gemeinsamen Nenner bringt: Er rechnet mit einer *Formel*. In der Zinsformel

$$z = \frac{k \cdot a \cdot p}{100}$$

bedeuten die Buchstaben nichts anderes als die bestimmten Zahlen der betreffenden Aufgabe. Und durch Einsetzen der gegebenen Zahlenwerte können die Zinsen gewissermaßen mechanisch berechnet werden. Wir lernen in diesem Band mehrfach solche Formeln kennen (siehe unter „Formel" im Stichwortverzeichnis).

Mit dem Buchstabenrechnen, der Algebra, beginnt (meist in der 8. Klasse) der eigentliche Mathematik-Unterricht. Da auch dort *gerechnet* wird, ist dem Schüler zu empfehlen, sich durch das Studium der drei Rechnen-Bände (Bd. 1, 2, 3) die nötige Rechensicherheit zu erwerben.

Möge dieser Band, ebenso wie die übrigen Bände dieser Reihe, nicht nur über die kleinen Schwierigkeiten im Unterricht hinweghelfen, sondern dem Lernenden auch Freude an mathematischen Fragen bereiten. Er wird dann begreifen, daß die Mathematik ein wesentlicher Bestandteil jeglicher Kultur war und ist.

THEO KÜHLEIN

INHALT

Dreisatz

0 Zur Einführung 7
1 Gerade Verhältnisse 7
  1.1 Beispiel 7
  1.2 Der Lösungsgang 8
  1.3 Aufgaben 8
  1.4 Der Begriff „Verhältnis" 10
  1.5 Der konstante Quotient 10
  1.6 Das Rechnen am Bruchstrich 11
  1.7 Zeichnerische Veranschaulichung eines geraden Verhältnisses 12
  1.8 Zeichnerische Lösung von Aufgaben mit geradem Verhältnis 13
  1.9 Übersicht der Größen mit geradem Verhältnis 14

2 Umgekehrte Verhältnisse 15
  2.1 Aufgaben 15
  2.2 Zeichnerische Veranschaulichung eines umgekehrten Verhältnisses .. 16
  2.3 Das konstante Produkt 17
  2.4 Zwei Lösungswege 18
  2.5 Zeichnerische Lösung von Aufgaben mit umgekehrtem Verhältnis ... 19
  2.6 Übersicht der Größen mit umgekehrtem Verhältnis 21

3. Die Dichte 21

4 Vermischte Aufgaben 26

5 Zusammengesetzter Dreisatz 29

Prozentrechnung

6 Rabattrechnung 35
7 Mögliche Aufgaben 40
8 Gerade und umgekehrte Verhältnisse 46
9 Promillerechnung 53
10 Wurzelziehen 55
11 Prozentrechnung im täglichen Leben 57
12 Näherungsrechnung 73
13 Steuerberechnung 76
14 Gewinn- und Gewichtsrechnung 78
15 Zinsrechnung 82
16 Formeln 89

17	Gerade und umgekehrte Verhältnisse	94
18	Bankmäßige Zinsberechnung	96
19	Diskontrechnung	99
19.1	*Definition*	99
19.2	*Diskont in 100*	99
19.3	*Diskont auf 100*	100
19.4	*Zurückdiskontieren*	102
20	Terminrechnung	103

Durchschnitts- und Mischungsrechnung

21	Durchschnittsrechnung	107
22	Mischungsrechnung	111
23	Dichte von Mischungen	117
24	Volumen- und Gewichtsprozente	119
24.1	*Volumenprozente*	119
24.2	*Beziehung zwischen Gewichts- und Volumenprozenten*	119
24.3	*Umrechnungen*	120
24.4	*Vergleich der Gewichts- und Volumenprozente*	120
24.5	*Übertragung der Betrachtungen auf Metall-Legierungen*	121

Anhang

Physikalische Gesetze zu den Aufgaben	123
1 Das Hebelgesetz	123
2 Die Gesetze von ARCHIMEDES	123
3 Arten der Energie	124
4 Leistung	125
5 Neue Einheiten	125
6 Der Heizwert	125
7 Der Wirkungsgrad	125
Stichwortverzeichnis	126

DREISATZ

0 Zur Einführung

(1) Was kosten 25 Zentner (= Ztr.) Kohlen, wenn 1 Ztr. 12,84 DM kostet?
25 Ztr. kosten 25 mal soviel wie 1 Ztr.:
$$25 \cdot 12{,}84 = \mathbf{321\ DM}$$
(2) Was kostet 1 Flasche Wein, wenn 15 Flaschen 69,75 DM kosten?
1 Flasche kostet den 15. Teil:
$$69{,}75 : 15 = \mathbf{4{,}65\ DM}$$

In den vorstehenden Aufgaben, die wir bei den Grundrechenarten (Bd. 1) besprochen haben, handelt es sich um zwei grundsätzliche Verfahren:

(1) Aus dem Preis der Einheitsmenge (1 Ztr.) den Preis von mehreren Zentnern oder wie man sagt: den Preis der *Vielheit* zu berechnen.

Dieses Verfahren nennt man das *Schließen von der Einheit auf die Vielheit*.

(2) Aus dem Preis von mehreren Flaschen, also aus dem Preis der Vielheit, den Preis der Einheit (1 Flasche) zu berechnen.

Dieses Verfahren heißt das *Schließen von der Vielheit auf die Einheit*.

In der hier zu besprechenden *Dreisatzrechnung* sind die beiden Verfahren miteinander verknüpft.

Der Name „Dreisatz" bringt zum Ausdruck, daß bei der Berechnung derartiger Aufgaben drei Sätze gesprochen werden (siehe **1.2**).

1 Gerade Verhältnisse

1.1 Beispiel

Die Mutter hat gestern 3 kg Äpfel für 4,15 DM gekauft. Heute will sie von 16 kg Äpfeln Gelee kochen. Wieviel muß sie dafür bezahlen?

Aus dem Preis von 3 kg können wir den Preis von 1 kg berechnen:
$$4{,}15 : 3 = 1{,}05\ \text{DM}$$

Daraus finden wir den Preis von 16 kg:
$$16 \cdot 1{,}05 = 16{,}80\ \text{DM}$$

Antwort: 16 kg Äpfel kosten **16,80 DM.**

1.2 Der Lösungsgang

Für 3 m Stoff zu Ernas Kleid hat die Mutter 58,95 DM bezahlt. Was kosten 4 m für das Kleid der älteren Schwester?

Vorläufige Antwort: 4 m kosten x DM.

Durch den Buchstaben x, die „Unbekannte", deuten wir an, daß wir den gesuchten Preis noch nicht kennen.*

Damit die Berechnung übersichtlich wird, schreibt man den Wortlaut der Aufgabe, den „*Ansatz*", in zwei kurzen Sätzen hin, zunächst den *Bedingungssatz* und dann den *Fragesatz*, die man beide durch Umstellung des Aufgabentextes erhält:

Was kosten 4 m Stoff (Fragesatz, F), wenn 3 m Stoff 58,95 DM kosten (Bedingungssatz, B)?

(1) Man wiederholt den Bedingungssatz. Hierbei ist darauf zu achten, daß diejenige „Größe", nach der gefragt ist (hier der Preis), am Ende des Bedingungssatzes steht.

Ansatz (A)

Bedingungssatz (B):	3 m Stoff kosten 58,95 DM
Fragesatz (F):	4 m Stoff kosten x DM

(2) Man schließt auf die Einheit, d. h. man berechnet den Preis von 1 m (Einheitssatz, E), wobei man den Bruch soweit wie möglich kürzt.

(3) Man berechnet den im Fragesatz verlangten Preis.

Lösungsweg (L)

Bedingungssatz:	3 m Stoff kosten 58,95 DM
Einheitssatz (sprich):	1 m Stoff kostet den 3. Teil:
	1 m kostet $\frac{58,95}{3} = 19,65$ DM
Fragesatz (sprich):	4 m Stoff kosten 4 mal soviel:
	4 m kosten $4 \cdot 19,65 = 78,60$ DM

Antwort: 4 m Stoff kosten **78,60 DM**.

1.3 Aufgaben

1 Karl ist heute 25,5 km in 5 Stunden marschiert. Morgen will er 7 Stunden wandern. Wieviel Kilometer kann er in dieser Zeit zurücklegen?

A { B: In 5 Stunden wandert er 25,5 km
    F: in 7 Stunden wandert er x km

L { B: In 5 Stunden wandert er 25,5 km
    E: in 1 Stunde wandert er $\frac{25,5}{5} = 5,1$ km
    F: in 7 Stunden wandert er $7 \cdot 5,1 = 35,7$ km

Antwort: In 7 Stunden wandert er **35,7 km**.

---

* Vergleiche die Redensart: „Ich habe es dir schon x-mal gesagt", d.h. ich weiß nicht, wie oft schon.

2 Beim Bau einer Autobahnstrecke waren an einer Baustelle 28 Arbeiter beschäftigt, die 44 Kubikmeter (m³) Erde bewegten. Wieviel Kubikmeter können an einer anderen Baustelle von 42 Arbeitern bewegt werden?

A $\begin{cases} \text{B:} & \text{28 Arbeiter bewegen 44 m}^3 \\ \text{F:} & \text{42 Arbeiter bewegen } x \text{ m}^3 \end{cases}$

L $\begin{cases} \text{B:} & \text{28 Arbeiter bewegen } 44 \text{ m}^3 \\ \text{E:} & \text{1 Arbeiter bewegt } \frac{44}{28} = \frac{11}{7} \text{ m}^3 \\ \text{F:} & \text{42 Arbeiter bewegen } 42 \cdot \frac{11}{7} = 66 \text{ m}^3 \end{cases}$

Antwort: 42 Arbeiter bewegen **66 m³**.

3 Hans braucht für 9 Rechenaufgaben 24 Minuten. Wieviel Minuten braucht er dann für 12 ebenso schwere Aufgaben?

L $\begin{cases} \text{B:} & \text{Für 9 Aufgaben braucht er 24 Min.} \\ \text{E:} & \text{für 1 Aufgabe braucht er } \frac{24}{9} = \frac{8}{3} \text{ Min.} \\ \text{F:} & \text{für 12 Aufgaben braucht er } 12 \cdot \frac{8}{3} = 32 \text{ Min.} \end{cases}$

Antwort: Für 12 Aufgaben braucht Hans **32 Minuten.**

4 Ein Gärtner hat in 32 Stunden 2 080 Pflanzen gesetzt. Wieviel Pflanzen kann er in 24 Stunden setzen?

Hier haben 32 und 24 den größten gemeinsamen Teiler* (ggT) 8. Wir schließen deshalb anstatt auf die Einheit (1 Std.) auf den ggT (8 Std.).:

In 32 Stunden —— 2 080 Pflanzen
in 8 Stunden ——   520 Pflanzen (den 4. Teil)
in 24 Stunden —— 1 560 Pflanzen (3 mal soviel)

Dadurch wird die Berechnung viel einfacher: Man braucht nicht durch 32 zu dividieren und nicht mit 24 zu multiplizieren.

Beachte künftig: Wenn das im Ansatz vorn stehende Zahlenpaar einen gemeinsamen Teiler hat, so schließt man zweckmäßig von der Vielheit auf den größten gemeinsamen Teiler.

5 Wieviel Kilometer legt ein Personenzug in 25 Stunden zurück, wenn er in 15 Stunden 510 km zurücklegt?

ggT = 5 $\begin{cases} \text{In 15 Stunden —— 510 km} \\ \text{in 25 Stunden —— } x \text{ km} \end{cases}$

in 15 Stunden —— 510 km
in 5 Stunden —— 170 km (den 3. Teil)
in 25 Stunden —— 850 km (5 mal soviel)

Bemerkung: In den Aufgaben **2** und **3** hätten wir entsprechend einfach rechnen können:

28 Arbeiter —— 44 m³	9 Aufgaben —— 24 Minuten
14 Arbeiter —— 22 m³	3 Aufgaben —— 8 Minuten
42 Arbeiter —— 66 m³	12 Aufgaben —— 32 Minuten

---
* Über den ggT siehe Bd. 2.

1.4 Der Begriff „Verhältnis"

In den vorstehenden Aufgaben handelt es sich stets um zwei Größen, die voneinander abhängig sind:

in **1**: Zeit und zurückgelegter Weg. Je länger ich marschiere, desto größer ist der zurückgelegte Weg (bei gleicher Geschwindigkeit).

in **2**: Arbeiterzahl und geleistete Arbeit. Je mehr Arbeiter tätig sind, desto mehr Arbeit wird geleistet (bei gleichem Arbeitstempo).

in **3**: Geleistete Arbeit und Arbeitszeit. Je mehr Arbeit ich zu leisten habe, desto länger muß ich arbeiten (bei gleichem Arbeitstempo).

Von zwei Größen, die wie hier beschrieben, beschaffen sind, sagt man:

Sie stehen im geraden Verhältnis.

Das Wort *Verhältnis* ist uns aus dem täglichen Leben bekannt. Wir sprechen beispielsweise beim Fußball von einem Tor-Verhältnis:

TSV gewann gegen VfB mit 4 : 3 Toren.

1.5 Der konstante Quotient*

Bei den behandelten Aufgaben erscheinen folgende Verhältnisse:

in **1**: $\frac{\text{Weg}}{\text{Zeit}}$ = Geschwindigkeit $\quad \frac{s}{t} = v \quad \frac{25{,}5}{5} = \frac{35{,}7}{7} = 5{,}1$ (km/h)**

in **2**: $\frac{\text{Arbeit}}{\text{Arbeiterzahl}}$ = Arbeitstempo $\quad \frac{A}{z} = \alpha \quad \frac{44}{28} = \frac{66}{42} = \frac{11}{7}$ (m³/Arbeiter)

in **3**: $\frac{\text{Arbeit}}{\text{Zeit}}$ = Leistung $\quad \frac{A}{t} = L \quad \frac{24}{9} = \frac{32}{12} = \frac{8}{3}$ (Aufg./Min.)

Ergebnis: **Bei einem geraden Verhältnis ist der Quotient der beiden voneinander abhängigen Größen konstant.**

Die Bedeutung des Verhältnisses (v, α, L) und seine Benennung kann man aus der vorstehenden Übersicht entnehmen.

Bemerkung. Wenn man in **1** das Wegverhältnis mit dem Zeitverhältnis vergleicht, so haben beide ebenfalls den gleichen Wert, der aber eine *unbenannte* Zahl ist:

in **1**: Wegverhältnis $\quad \frac{s_1}{s_2} = \frac{25{,}5}{35{,}7} = \frac{5}{7} \quad$ Zeitverhältnis $\quad \frac{t_1}{t_2} = \frac{5}{7}$

in **2**: Arbeiterverhältnis $\quad \frac{z_1}{z_2} = \frac{28}{42} = \frac{2}{3} \quad$ Volumenverhältnis $\frac{A_1}{A_2} = \frac{44}{66} = \frac{2}{3}$

in **3**: Aufgabenverhältnis $\frac{A_1}{A_2} = \frac{9}{12} = \frac{3}{4} \quad$ Zeitverhältnis $\quad \frac{t_1}{t_2} = \frac{24}{32} = \frac{3}{4}$

Es ist also $\quad\quad\quad\quad \frac{s_1}{s_2} = \frac{t_1}{t_2}$ usw.

Dies ist der formelmäßige Ausdruck für die Tatsache, daß Weg und Zeit im gleichen (= geraden) Verhältnis stehen.

---

* konstant (*lat.*) = unveränderlich.
** km/h = Kilometer in der Stunde. Der Buchstabe h steht für Stunde, von *lat.* hora, *franz.* heure, *engl.* hour.

1.6 Das Rechnen am Bruchstrich

6 Wieviel Stunden braucht ein Schnellzug für 700 km, wenn er in $4\frac{1}{2}$ Stunden 540 km zurücklegt?

B: 540 km in 4,5 Std.

E: 1 km in $\frac{4,5}{540} = \frac{9}{1080} = \frac{1}{120}$ Std.*

F: 700 km in $\frac{700}{120} = 5\frac{5}{6}$ Std.

Antwort: 700 km legt er in **5 Std. 50 Min.** zurück.

Um die Schreibarbeit beim Lösen derartiger Aufgaben zu verkürzen, rechnen wir künftig „am Bruchstrich".

$$x = \underline{\qquad\qquad}$$

Wir lesen den Bedingungssatz: „540 km legt er in 4,5 Std. zurück" und schreiben die zweite Größe (4,5) in den Zähler: $\quad x = \frac{4,5}{}$

Wir lesen den Einheitssatz: „1 km legt er im 540. Teil der Zeit zurück" und schreiben 540 in den Nenner: $\quad x = \frac{4,5}{540}$

Wir lesen den Fragesatz: „700 km legt er in der 700 fachen Zeit zurück" und schreiben 700 in den Zähler: $\quad x = \frac{4,5 \cdot 700}{540}$

Nach dem Kürzen erhalten wir $x = \frac{35}{6} = 5\frac{5}{6}$

7 Wieviel Flaschen Wein kann der Vater für 54 DM kaufen, wenn er für 24 Flaschen 86,40 DM bezahlt hat?

B: Für 86,40 DM bekommt er 24 Flaschen

F: Für 54,00 DM bekommt er x Flaschen

$$x = \frac{24 \cdot 54}{86,4} = \frac{24 \cdot 6}{9,6} = \frac{6}{0,4} = 15$$

Antwort: Er bekommt **15 Flaschen.**

Bemerkung: Beim Rechnen am Bruchstrich tritt der Sortenpreis nicht auf. Den Preis von 1 Flasche Wein kann man sowohl aus B als auch aus F berechnen. Damit ist dann zugleich die *Probe* gemacht:

$\left.\begin{array}{l} 86,40 : 24 = 3,60 \\ 54,00 : 15 = 3,60 \end{array}\right\}$ 1 Flasche Wein kostet 3,60 DM.

8 Für 5 $ (US-Dollar) bekommt man 13,40 DM. Wieviel DM bekommt man für 7 $?

$$x = \frac{13,4 \cdot 7}{5} = 2,68 \cdot 7 = 18,76$$

Antwort: Man bekommt **18,76 DM.**

Merke: Den verbindenden Text kann man sich beim Niederschreiben des Ansatzes sparen. Man pflegt stattdessen einen waagerechten Strich zu machen. Es ist aber unbedingt erforderlich, den Text in jedem Satz zu *sprechen!*

---

* Das bedeutet, daß der Zug mit 120 km/h fährt.

9 Ein Personenzug legt bei 42 km/h in einer gewissen Zeit 147 km zurück. Wieviel Kilometer legt ein Schnellzug bei 94 km/h in der gleichen Zeit zurück?

Bei 42 km/h —— 147 km
bei 94 km/h —— x km
$$x = \frac{147 \cdot 94}{42} = \frac{7 \cdot 94}{2} = 7 \cdot 47 = 329$$

Antwort: Der Schnellzug legt **329 km** zurück.

Probe: 147 : 42 = 3,5
329 : 94 = 3,5 } Die Fahrzeit beider Züge ist $3\frac{1}{2}$ Stunden.

1.7 Zeichnerische Veranschaulichung eines geraden Verhältnisses

Beispiel 1. Ein Personenkraftwagen fährt um 7 Uhr mit 40 km Stundengeschwindigkeit von P nach Q. Wo befindet sich das Auto nach 1, 2, 3 ··· Stunden?

Wertetabelle: Zeit	7	8	9	10	11	12	Uhr
Weg	0	40	80	120	160	200	km
Punkt	O	A	B	C	D	E	

Wir photographieren (in Gedanken) die Autostraße nach jeweils einer Stunde und legen die einzelnen Filmstreifen in gleichen Abständen nebeneinander (Abb. 1). Wir erkennen, daß wir durch die einzelnen Standorte des Autos eine *gerade Linie* legen können.

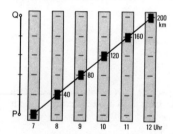

Abb. 1. Bewegung eines Autos im Lauf mehrerer Stunden

Zeichnung in ein Millimeternetz:

In einem Netz (Millimeterpapier) trägt man auf einer waagerechten „Achse" die eine Größe (Uhrzeit) und auf der senkrechten Achse die andere Größe (den zurückgelegten Weg) ab. Die Einheitsstrecken (Stunden, Kilometer) können beliebig gewählt werden. Zweckmäßig wählt man sie so, daß die Zeichnung etwa die 3-fache Größe der hier wiedergegebenen Abbildung hat, und daß sie auf das zur Verfügung stehende Blatt paßt.

Vorschlag: 1 Std. ≙ 2 cm;   10 km ≙ 4 mm.

Eintragung der Punkte:

Man geht bei 8 Uhr nach oben und bei 40 km nach rechts und erhält den Punkt A. Entsprechend gewinnt man die übrigen Punkte (Abb. 2).

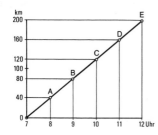

Abb. 2. Weg-Zeit-Bild der gleichförmigen Bewegung

Nehmen wir noch den Punkt O hinzu (7 Uhr, 0 km), so erkennen wir, daß sich durch die Punkte O bis E eine *Gerade* legen läßt, die durch den „Nullpunkt" verläuft.

Beispiel 2. Ein Arbeiter kann täglich einen 5 m langen Graben ausheben. Wieviel Meter können von 2, 3, 4 ··· Arbeitern ausgehoben werden? Abb. 3.

Zahl der Arbeiter	1	2	3	4	5	6
Grabenlänge (m)	5	10	15	20	25	30
Punkt	A	B	C	D	E	F

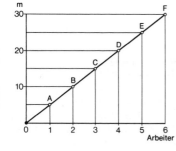

Abb. 3. Arbeiterzahl und Arbeit stehen im geraden Verhältnis

1.8 Zeichnerische Lösung von Aufgaben mit geradem Verhältnis

10 Was kosten 3 kg Obst, wenn man für 7 kg Obst 8,40 DM bezahlen muß? (Abb. 4)

Trage auf der waagerechten Achse die kg ab (1 kg $\triangleq$ 1 cm), und auf der senkrechten Achse die DM   (1 DM $\triangleq$ 1 cm).

Das Wertepaar (7 kg; 8,40 DM), das den Bedingungssatz ausdrückt, liefert den Punkt B. Zur Beantwortung des Fragesatzes geht man bei 3 kg nach oben bis zur Geraden (F) und von da nach links, wo man den Preis **3,60 DM** abliest. Entsprechend kann man den Preis von 1 kg ablesen, nämlich **1,20 DM**.

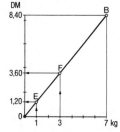

Abb. 4. Preisbestimmung durch Zeichnung

11 Wieviel Kilometer kann man in 8 Stunden gehen, wenn man 6 Stunden für 27 km braucht? (Abb. 5)

Maßstab: 1 Std. ≙ 1 cm;   1 km ≙ 5 mm.

Ergebnis: In 8 Std. kann man **36 km** gehen;
in 1 Std. kann man **4,5 km** gehen (= Geschwindigkeit).

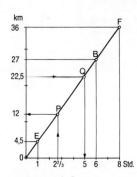

Abb. 5. Zeichnerische Lösung einer Bewegungsaufgabe

Weitere mögliche Angaben. Wir stellen fest, daß bei der zeichnerischen Lösung das „Schließen auf die Einheit" überflüssig ist. Der Bedingungssatz liefert stets einen Punkt B, den wir mit dem Nullpunkt verbinden. Dadurch ist die Gerade festgelegt. Es ist deshalb auch möglich, jede weitere Frage sofort zu beantworten:

(1) Wieviel Kilometer kann man in 2 Std. 40 Min. $\left(= 2\frac{2}{3} \text{ Std.}\right)$ zurücklegen?

Antwort: 12 km (P).

(2) Wieviel Stunden braucht man für 22,5 km?

Antwort: 5 Std. (Q).

1.9 Übersicht der Größen mit geradem Verhältnis

(1) Menge und Preis einer Ware bei gleichem Einheitspreis (Aufgaben 7, 10);
(2) Weg und Zeit bei gleicher Geschwindigkeit (Aufgaben 1, 5, 6, 11);
(3) Weg und Geschwindigkeit bei gleicher Zeit (Aufgabe 9);
(4) Arbeit und Arbeiterzahl bei gleichem Arbeitstempo (Aufgabe 2);

(5) Arbeit und Zeit bei gleichem Arbeitstempo (Aufgaben 3, 4);
(6) Zwei Münzsorten bei gleichem Kurs (Aufgabe 8).

Weitere gerade Verhältnisse siehe **8.3** und **17.2**

2 Umgekehrte Verhältnisse

2.1 Aufgaben

12 Hans hat eine mehrtägige Ferienwanderung von insgesamt 80 km bei einer Geschwindigkeit von 4 km/h gemacht Fritz machte in der nächsten Woche dieselbe Wanderung, marschierte aber mit 5 km/h. Wieviel Stunden war jeder Junge unterwegs?

Hans: $\frac{80}{4} = 20$ Std.   Fritz: $\frac{80}{5} = 16$ Std.

Je schneller ich marschiere, in desto kürzerer Zeit bin ich am Ziel.

13 Die Mutter will für 12 DM Gummiband kaufen. Sie hat die Wahl zwischen zwei Sorten, von denen die eine 1,20 DM, die andere 1,50 DM je Meter kostet. Von welcher Sorte bekommt sie mehr Gummiband?

1. Sorte: $\frac{12}{1,2} = 10$ m   2. Sorte: $\frac{12}{1,5} = 8$ m

Je höher der Meterpreis ist, desto weniger Ware bekomme ich für einen bestimmten Geldbetrag.

14 Herr Reich hat bei seinem Tod 36 000 DM hinterlassen. Wieviel DM bekommt jeder Erbe, wenn es (1) 6 Erben bzw. (2) 8 Erben sind?

(1) $\frac{36000}{6} = 6\,000$ DM   (2) $\frac{36000}{8} = 4\,500$ DM

Je mehr Personen sich in einen Geldbetrag teilen, desto weniger Geld erhält der einzelne.

15 Eine belagerte Stadt von 32 000 Einwohnern hat noch einen Vorrat von 128 Tonnen Mehl, so daß auf jeden Einwohner 4 kg = 4 000 g Mehl entfallen.* Wie lange reicht der Vorrat, wenn täglich (1) 250 g, bzw. (2) 100 g Mehl je Kopf ausgegeben werden?

(1) $\frac{4000}{250} = 16$ Tage   (2) $\frac{4000}{100} = 40$ Tage

Je weniger Lebensmittel täglich ausgegeben werden, desto länger reicht der Vorrat.

Auch in diesen Aufgaben haben wir es mit zwei voneinander abhängigen Größen zu tun. Zum Unterschied von den früher behandelten Aufgaben wird hier die eine Größe *kleiner*, wenn man die andere *vergrößert*, und umgekehrt. Von zwei Größen, die derart beschaffen sind, sagt man:

Sie stehen im umgekehrten Verhältnis.

---

* 1 t = 1 000 kg (siehe Bd. 1).

2.2 Zeichnerische Veranschaulichung eines umgekehrten Verhältnisses

16 Karl soll im Garten ein rechteckiges Beet von 12 m² abstecken, das er selbst bepflanzen darf. Wie lang und wie breit kann er das Beet machen?

Länge	12	10	8	6	5	4	3	2,4	2	1,5	1,2	1 m
Breite	1	1,2	1,5	2	2,4	3	4	5	6	8	10	12 m
Punkt	A	B	C	D	E	F	F'	E'	D'	C'	B'	A'

Je kleiner die Länge eines Rechtecks ist, desto größer ist die Breite (bei gleicher Fläche).

Zeichnen wir alle diese Rechtecke so aufeinander, daß sie eine Ecke (O) gemeinsam haben, so erkennen wir, daß die gegenüberliegenden Ecken (A bis F) *nicht* auf einer geraden Linie liegen, sondern auf einer „Kurve", die der Mathematiker Hyperbel nennt (Abb. 6).

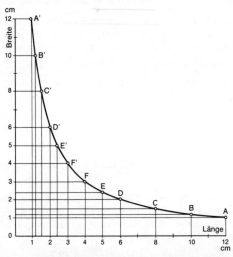

Abb. 6. Die Hyperbel veranschaulicht ein umgekehrtes Verhältnis

17 Es sollen 36 000 DM an 2, 3 ⋯ 8 Erben verteilt werden. Wieviel DM bekommt jeder Erbe? Die Aufgabe ist zeichnerisch darzustellen.

Anzahl	1	2	3	4	5	6	8	Erben
Anteil	36 000	18 000	12 000	9 000	7 200	6 000	4 500	DM
Punkt	A	B	C	D	E	F	G	

Wir tragen die Anzahl der Erben auf der waagerechten Achse und den Erbanteil auf der senkrechten Achse ab. Die Punkte A bis G für die einzelnen Wertepaare liegen auf einer Hyperbel (Abb. 7).

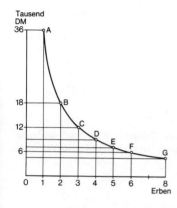

Abb. 7. Zahl der Erben und Erbanteil stehen im umgekehrten Verhältnis

2.3 Das konstante Produkt

18 Um einen Graben auszuheben, würde 1 Arbeiter 144 Tage brauchen. In wieviel Tagen könnten 2, 3 ··· 12 Arbeiter den Graben ausheben?

z = Anzahl der Arbeiter	1	2	3	4	6	8	9	12
t = Tage	144	72	48	36	24	18	16	12
Produkt $z \cdot t$				144				

Auch hier liegt ein umgekehrtes Verhältnis vor: Je mehr Arbeiter tätig sind, in desto weniger Tagen ist eine bestimmte Arbeit erledigt.

Aus der Tabelle erkennen wir, daß das *Produkt* aus der Anzahl der Arbeiter (z) und der Zahl der Tage (t) stets den gleichen Wert (144) hat.

Ergebnis: **Bei einem umgekehrten Verhältnis ist das Produkt der beiden voneinander abhängigen Größen konstant.**

Überzeuge dich, daß auch in den Aufgaben **12** bis **15** ein konstantes Produkt vorliegt. Welche Bedeutung hat es in den einzelnen Fällen?

zu 12	Hans	Fritz
Geschw.	4 km/h	5 km/h
Zeit	20 Std.	16 Std.
Produkt = Weg	80 km	80 km

zu 13	1. Sorte	2. Sorte
Meterpreis	1,20 DM	1,50 DM
Menge	10 m	8 m
Produkt = Warenpreis	12 DM	12 DM

zu 14	(1)	(2)	zu 15	(1)	(2)
Zahl d. Erben	6	8	tägl. Menge	100 g	250 g
Erbanteil	6 000 DM	4 500 DM	Zeit	40 Tg.	16 Tg.
Produkt = Erbschaft	36 000 DM	36 000 DM	Produkt = Vorrat	4 000 g	4 000 g

Bemerkung. Wenn man in **12** das Geschwindigkeitsverhältnis mit dem Zeitverhältnis vergleicht, so ist das eine Verhältnis der *Kehrwert* des anderen:

In **12**: Geschwindigkeitsverh. $\frac{v_1}{v_2} = \frac{4}{5}$ Zeitverh. $\frac{t_1}{t_2} = \frac{20}{16} = \frac{5}{4}$

In **13**: Meterpreisverh. $\frac{p_1}{p_2} = \frac{1,2}{1,5} = \frac{4}{5}$ Mengenverh. $\frac{m_1}{m_2} = \frac{10}{8} = \frac{5}{4}$

Es ist also $\quad\frac{v_1}{v_2} = \frac{t_2}{t_1}; \quad \frac{p_1}{p_2} = \frac{m_2}{m_1}\quad$ usw.

Dies ist der formelmäßige Ausdruck für die Tatsache, daß Geschwindigkeit (v) und Zeit (t) bzw. Meterpreis (p) und Menge (m) im umgekehrten Verhältnis stehen.

2.4 Zwei Lösungswege

19 Ein Wanderer braucht für eine Wanderung 7 Tage, wenn er täglich 24 km marschiert. Wieviel Kilometer müßte er täglich gehen, wenn er bei gleicher Geschwindigkeit schon in 6 Tagen am Ziel sein will?

Schätze: Er muß täglich mehr als 24 km wandern; $x > 24$

Erste Art. Die Gesamtstrecke beträgt $7 \cdot 24 = 168$ km. Will er sie in 6 Tagen zurücklegen, so muß der Wanderer täglich $\frac{168}{6} = $ **28 km** gehen.

Zweite Art. In 7 Tagen muß er täglich 24 km wandern;
in 1 Tag müßte er 7mal so weit wandern:
$7 \cdot 24 = 168$ km;
in 6 Tagen braucht er täglich nur den 6. Teil zu gehen:
$$x = \frac{168}{6} = 28 \text{ km}$$

Produktprobe (im folgenden mit PP abgekürzt): $7 \cdot 24 = 6 \cdot 28 = 168$

20 Ein Becken wird durch ein enges Rohr, aus dem stündlich 200 m³ Wasser fließen, in 6 Stunden gefüllt. Wieviel Stunden dauert das Füllen durch ein weites Rohr, aus dem stündlich 240 m³ fließen?

Schätze: Es dauert weniger als 6 Stunden; $x < 6$

Erste Art. In 6 Std. fließen $6 \cdot 200 = 1200$ m³ aus, das ist der Inhalt des Beckens. Bei stündlich 240 m³ dauert es $\frac{1200}{240} = $ **5 Std.**, bis das Becken gefüllt ist.

Zweite Art. Bei stündl. 200 m³ dauert es 6 Std.
bei stündl. 1 m³ dauert es $200 \cdot 6$ Std.
bei stündl. 240 m³ dauert es $\frac{200 \cdot 6}{240} = 5$ Std.

PP: $6 \cdot 200 = 5 \cdot 240 = 1\,200$

21 Ein Becken wird durch ein Rohr von 30 cm² Querschnitt in 105 Minuten gefüllt. Wie lange dauert es bei einem Rohr von 35 cm²?

Schätze: In kürzerer Zeit; $x < 105$

In dieser Aufgabe ist der Inhalt des Beckens *nicht* bekannt; er läßt sich auch nicht berechnen (wie in Aufgabe 20). Die Aufgabe kann deshalb nur nach der zweiten Art gelöst werden. Auch hier wollen wir wieder „am Bruchstrich" rechnen.

Bei 30 cm² Rohrquerschnitt dauert es 105 Minuten
bei 35 cm² Rohrquerschnitt dauert es x Minuten

$$x = \underline{}$$

(1) Sprich: Bei 30 cm² dauert es 105 Min.;
   schreibe: $x = \dfrac{105}{}$

(2) sprich: Bei 1 cm² dauert es 30 mal so lange;
   schreibe: $x = \dfrac{105 \cdot 30}{}$

(3) sprich: Bei 35 cm² dauert es den 35. Teil der Zeit;
   schreibe: $x = \dfrac{105 \cdot 30}{35} = 3 \cdot 30 = \mathbf{90\ Minuten}$

(Selbstverständlich wird nur die letzte Zeile hingeschrieben)
PP: $30 \cdot 105 = 35 \cdot 90 = 3\,150$.

22 Ein Becken wird durch ein Rohr von 56 cm² in 33 Minuten gefüllt. Welchen Querschnitt muß das Rohr haben, damit das Becken schon in 24 Minuten gefüllt wird? ($x > 56$)

Es wird gefüllt in 33 Min. bei 56 cm² Rohrquerschnitt
es wird gefüllt in 24 Min. bei x cm² Rohrquerschnitt

$$x = \frac{56 \cdot 33}{24} = \mathbf{77\ cm^2}\ \text{Rohrquerschnitt}$$

PP: $33 \cdot 56 = 24 \cdot 77 = 1\,848$

2.5 Zeichnerische Lösung von Aufgaben mit umgekehrtem Verhältnis

Sie läßt sich mit Hilfe einer Hyperbel ausführen (vgl. **2.2**).

Um nicht für jede Aufgabe eine neue Hyperbel zeichnen zu müssen, benutzt man eine *Normalhyperbel*, bei der das Produkt der beiden Größen beispielsweise gleich 12 ist. Diese Hyperbel muß selbstverständlich sehr genau gezeichnet werden, am besten auf Millimeterpapier.

1	1,2	1,5	1,8	2	2,4	2,5	$2\tfrac{2}{3}$	3	4 $\cdots$ 12
12	10	8	$6\tfrac{2}{3}$	6	5	4,8	4,5	4	3 $\cdots$ 1

Legt man an die beiden Achsen geeignete Maßstäbe, so ist die Lösung verhältnismäßig einfach (Abb. 8).

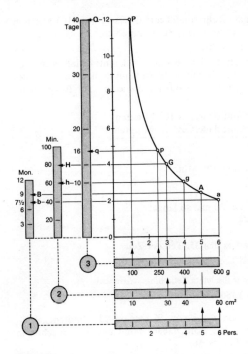

Abb. 8.
Die Normalhyperbel zur Lösung von Aufgaben mit umgekehrtem Verhältnis

Beispiele

(1) 5 Personen reichen mit einem Vorrat 9 Monate,
6 Personen reichen mit einem Vorrat x Monate.

Bei 5 ↑ bis A*;   ← nach B; OB in 9 Teile teilen;
bei 6 ↑ bis a;   ← nach b; ergibt $7\frac{1}{2}$ Monate.

(2) Ein 30 cm² weites Rohr füllt ein Becken in 80 Minuten,
ein 40 cm² weites Rohr füllt ein Becken in x Minuten.

Bei 30 ↑ bis G; ← nach H; OH in 80 Teile teilen;
bei 40 ↑ bis g; ← nach h; ergibt 60 Minuten.

(3) 100 g Mehl reichen 40 Tage;
250 g Mehl reichen x Tage.

Bei 100 ↑ bis P; ← nach Q; OQ in 40 Teile teilen;
bei 250 ↑ bis p; ← nach q; ergibt 16 Tage.

Produktproben: (1) $5 \cdot 9 = 6 \cdot 7\frac{1}{2} = 45$

(2) $30 \cdot 80 = 40 \cdot 60 = 2\,400$

(3) $100 \cdot 40 = 250 \cdot 16 = 4\,000$

---

* Die Bedeutung der Pfeile ist aus der Abbildung ersichtlich.

2.6 Übersicht der Größen mit umgekehrtem Verhältnis

(1) Geschwindigkeit und Zeit bei gleichem Weg (Aufgaben 12, 19);
(2) Menge und Einheitspreis bei gleichem Warenpreis (Aufgabe 13);
(3) Zahl der Erben und Erbanteil bei gleicher Erbschaft (Aufgaben 14, 17);
(4) Zahl der Personen und Zeit bei gleichem Vorrat (Aufgabe 15);
(5) Länge und Breite eines Rechtecks bei gleicher Fläche (Aufgabe 16);
(6) Zahl der Arbeiter und Zeit bei gleicher Arbeit (Aufgabe 18);
(7) Rohrquerschnitt und Zeit bei gleicher Wassermenge (Aufgaben 20 bis 22).

Weitere umgekehrte Verhältnisse siehe 8.3 und 17.2.

3 Die Dichte

Eine *Scherzfrage:* Was ist schwerer: 1 kg Blei oder 1 kg Daunen?

Antwort: Beide sind natürlich gleich schwer. Die Daunen nehmen aber einen größeren Raum ein als das Blei.

Beispiele: Ein Topf aus Eisen ist schwerer als ein gleich großer Topf aus Aluminium. Ein Gefäß voll Sand ist schwerer als ein gleich großes mit Wasser gefülltes Gefäß.

3.1 Definition

Man vergleicht das Gewicht der verschiedenen Stoffe mit dem Gewicht einer gleich großen Raummenge Wasser.

Bekanntlich hat 1 Liter (= 1 dm^3) Wasser von 4°C* das Gewicht 1 kg.

1 cm^3 Wasser wiegt 1 g.

Das Gewicht von 1 cm^3 eines Stoffes nennt man seine Dichte (ϱ).
Sie hat die Benennung g/cm^3.**

Die folgende Tabelle enthält die Dichten einiger Stoffe.

Stoff***	Kork	Aluminium Al	Eisen Fe	Kupfer Cu	Blei Pb	Gold Au
Dichte	0,25	2,7	7,5	8,9	11,5	19,3 g/cm^3

3.2 Aufgaben

23 Welches Gewicht haben 6, 12, 30 cm^3 Eisen?

Ergebnis: 45 g; 90 g; 225 g.

Je größer das Volumen****, desto größer das Gewicht bei gleicher Dichte. Es liegt ein gerades Verhältnis vor.

---
* Die Angabe „4°C" ist in der „Anomalie" des Wassers begründet (siehe Physik I, Bd.40).
** ϱ (rho) ist das griechische r.
*** Die unter den Metallen stehenden Zeichen sind die in der Chemie üblichen Abkürzungen.
**** Volumen ist das in der Physik gebräuchliche Wort für Rauminhalt (kurz Inhalt).

24 Was wiegen 8 cm³ Aluminium, Kupfer, Gold?

Ergebnis: 21,6 g; 71,2 g; 154,4 g.

Je größer die Dichte, desto größer das Gewicht bei gleichem Volumen: Gerades Verhältnis.

25 Welches Volumen hat 1 kg Aluminium bzw. 1 kg Gold?

$$2{,}7 \text{ g Al sind } 1 \text{ cm}^3 \qquad\qquad 19{,}3 \text{ g Au sind } 1 \text{ cm}^3$$

$$1 \text{ g Al sind } \tfrac{1}{2{,}7} \text{ cm}^3 \qquad\qquad 1 \text{ g Au sind } \tfrac{1}{19{,}3} \text{ cm}^3$$

$$1000 \text{ g Al sind } \tfrac{1000}{2{,}7} \text{ cm}^3 \qquad\qquad 1000 \text{ g Au sind } \tfrac{1000}{19{,}3} \text{ cm}^3$$

$$= \mathbf{370 \text{ cm}^3} \qquad\qquad\qquad\qquad = \mathbf{52 \text{ cm}^3}$$

Je größer die Dichte, desto kleiner ist das Volumen bei gleichem Gewicht. Es liegt ein umgekehrtes Verhältnis vor.

Gold hat etwa die 7fache Dichte wie Aluminium; deshalb besitzt Gold nur etwa den 7. Teil des Volumens einer gleich schweren Menge Aluminium (Abb. 9).

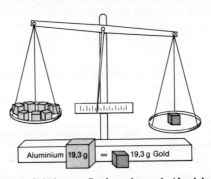

Abb. 9. Gold ist etwa 7mal so schwer wie Aluminium

3.3 Formel

Für ein umgekehrtes Verhältnis gilt der Satz vom konstanten Produkt (siehe **2.3**). In der Tat ist in Aufgabe **25**:

$$2{,}7 \cdot 370 = 999 \approx 1\,000 \quad \text{und} \quad 19{,}3 \cdot 52 = 1\,003{,}6 \approx 1\,000.$$

Hieraus ergibt sich die Formel

$$\varrho \; \cdot \; V \; = \; G$$
Dichte · Volumen = Gewicht[*]

Gemäß der Definition der Dichte (**3.1**) ist

---

[*] Vgl. die Berechnung des Gewichts in den Aufgaben 23 und 24.

(1) $\quad \text{Dichte} = \dfrac{\text{Gewicht}}{\text{Volumen}} \quad$ oder $\quad \varrho = \dfrac{G}{V} \left[\dfrac{\text{g}}{\text{cm}^3}\right]$

26 Welche Dichte haben zwei Metalle, von denen 5 kg ein Volumen von 1 852 cm³ bzw. 435 cm³ einnehmen?

Schätze: Das erste Metall hat etwa das 4fache Volumen; seine Dichte ist also rund $\frac{1}{4}$ der Dichte des zweiten Metalls.

1 cm³ wiegt $\frac{5000}{1852} = 2{,}7$ g $\qquad\qquad$ 1 cm³ wiegt $\frac{5000}{435} = 11{,}5$ g

$\quad$ (Aluminium) $\qquad\qquad\qquad\qquad\qquad$ (Blei)

PP: $1\,852 \cdot 2{,}7 = 5\,000{,}4 \qquad\qquad 435 \cdot 11{,}5 = 5\,002{,}5$

27 Zur Bestimmung der Dichte einer Flüssigkeit benutzt man eine sogenannte Senkwaage, auch Aräometer genannt (Abb. 10). Sie ist so gebaut, daß sie bei einer Höhe $h = 10$ cm zwischen den Marken A und B für Dichten von $\varrho_1 = 1$ bis $\varrho_2 = 2$ benutzt werden kann.

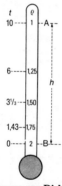
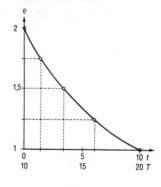

Abb. 10. Senkwaage zur Dichtebestimmung $\qquad$ Abb. 11. Die Hyperbel $T \cdot \varrho = 20$

1. Zu welcher Marke gehört die kleinere Dichte?
2. Zu einer bestimmten Dichte ϱ kann man den Tiefgang t mit der Formel*
$$t = 10 \cdot \dfrac{2-\varrho}{\varrho}$$
berechnen und so die Senkwaage eichen.
3. Man setze $t + h = T$ und zeige, daß $T \cdot \varrho = h \cdot \varrho_2$ (konstant) ist.

Zu (1). Nach dem 2. Gesetz von ARCHIMEDES (siehe Anhang 2.2) ist für $t = 10$ cm der Auftrieb klein, also ϱ klein ($\varrho_1 = 1$), Marke A; für $t = 0$ cm ist der Auftrieb groß, also ϱ groß ($\varrho_2 = 2$), Marke B.

---

* Die Formel ergibt sich aus dem 2. Archimedischen Gesetz. Auf ihre Ableitung sei hier verzichtet.

Zu (2) und (3).

ϱ	1	1,25	1,5	1,75	2	
t^*	10	6	$3\frac{1}{3}$	1,43	0	
T	20	16	$13\frac{1}{3}$	11,43	10	$T \cdot \varrho = 20$

Die Hyperbel $T \cdot \varrho = 20$ ist in Abb. 11 gezeichnet.

28 Beantworte die Fragen der vorigen Aufgabe, wenn $\varrho_1 = \frac{1}{2}$ und $\varrho_2 = 1$ sein soll? ($h = 10$ cm)

$$t = 10 \cdot \frac{1-\varrho}{\varrho}$$

ϱ	0,5	0,6	0,7	0,8	0,9	1	
t^*	10	$6\frac{2}{3}$	4,3	2,5	1,1	0	
T	20	$16\frac{2}{3}$	14,3	12,5	11,1	10	$T \cdot \varrho = 10$

29 In den rechten Schenkel eines mit Quecksilber gefüllten U-Rohres wird eine beliebige Menge Wasser gegeben. Die Höhen der beiden Flüssigkeiten (gemessen vom unteren Wasserspiegel) sind $h_1 = 2,8$ cm und $h_2 = 38,1$ cm (Abb. 12). Berechne daraus die Dichte ϱ des Quecksilbers.

Die Dichten verhalten sich umgekehrt wie die Höhen:

$$\varrho : 1 = h_2 : h_1 = 38,1 : 2,8$$
$$\varrho = 13,6$$

Quecksilber hat die Dichte **13,6 g/cm³**.

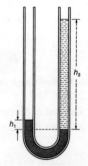

Abb. 12. Dichtebestimmung von Quecksilber

30 Bei 0° und einem Luftdruck von 760 Torr** wiegt 1 Liter Luft 1,293 g. Wie groß ist das Litergewicht*** (x) auf der Zugspitze, wenn dort ein Druck von 550 Torr herrscht?

---
* Beachte, daß bei den gleichen Dichte-Unterschieden die Differenzen beim Tiefgang (t) immer kleiner werden.
** 1 Torr = 1 mm Quecksilbersäule; siehe Anhang 5.3.
*** Bei Gasen gibt man statt der Dichte ($\varrho = 0,001\ 293$ g/cm³) das Litergewicht an.

Je mehr ein Gas zusammengedrückt wird, desto größer ist seine Dichte, und umgekehrt. Dichte und Druck stehen im geraden Verhältnis.

$$x = \frac{550}{760} \cdot 1{,}293 = 0{,}936$$

Auf der Zugspitze wiegt ein Liter Luft nur **0,936 g**.

Probe: Druckverhältnis $\frac{550}{760} = 0{,}724$;   Dichteverhältnis $\frac{0{,}936}{1{,}293} = 0{,}724$.

Das Verhältnis 0,724 besagt, daß die Luftdichte auf der Zugspitze weniger als $\frac{3}{4}$ derjenigen in Meereshöhe ist.

Die Sonne wird von 9 Planeten (einschließlich der Erde) umkreist.

Planet	Entfernung v. d. Sonne (Mio km)	Umlaufzeit (Jahre)	Geschwindigkeit (km/s)	Dichte (g/cm³)
Merkur	58	0,24	48,2	3,85
Venus	108	0,62	34,8	4,84
Erde	150	1	30,0	5,50
Mars	228	1,88	24,2	3,96
Jupiter	778	11,9	13,1	1,32
Saturn	1 426	29,5	9,66	0,72
Uranus	2 868	84	6,83	1,27
Neptun	4 494	165	5,45	1,60
Pluto	5 900	248	4,76	?

31 Der Planet Neptun hat den 10fachen Durchmesser (d) und die 438fache Masse (m) des Planeten Merkur. Welcher von beiden hat die größere Dichte?

Die Volumina (V) zweier Kugeln verhalten sich wie die 3. Potenzen ihrer Durchmesser*. Für Neptun/Merkur ist

$$d_1 : d_2 = 10; \quad \text{also } V_1 : V_2 = 10^3 = 1\,000; \quad m_1 : m_2 = 438.$$

Die Dichten erhält man aus $\varrho = \frac{m}{V}$:

$$\varrho_1 : \varrho_2 = \frac{438}{1000} = 0{,}438; \text{ Neptun hat die kleinere Dichte.}$$

Da $\varrho_2 : \varrho_1 = \frac{1000}{438} = 2{,}28 \approx 2\frac{1}{3}$, so hat Merkur die $2\frac{1}{3}$fache Dichte von Neptun.

32 Für Mond, Erde und Sonne ist das Verhältnis
  ihrer Massen $m_1 : m_2 : m_3 = 1 : 81 : 27 \cdot 10^6$
und ihrer Durchmesser $d_1 : d_2 : d_3 = 1 : 3{,}7 : 400$

---

* Vergleiche: Die Volumina zweier Würfel verhalten sich wie die 3. Potenzen ihrer Kanten.

Wie verhalten sich ihre Volumina und ihre Dichten?

Wie groß sind die Dichten von Mond (ϱ') und Sonne (ϱ'''), wenn die Dichte der Erde $\varrho'' = 5{,}5$ ist (bezogen auf Wasser = 1)?

Es ist $V_1 : V_2 : V_3 = 1 : 50{,}7 : 64 \cdot 10^6$

und $\varrho_1 : \varrho_2 : \varrho_3 = 1 : \frac{81}{50{,}7} : \frac{27}{64} = 1 : 1{,}6 : 0{,}42$

Aus $\varrho' : \varrho'' : \varrho''' = 1 : 1{,}6 : 0{,}42$ wird

$$\varrho' = \frac{5{,}5}{1{,}6} = 3{,}44 \quad \text{und} \quad \varrho''' = \frac{0{,}42 \cdot 5{,}5}{1{,}6} = 1{,}44$$

Die Dichten von Mond, Erde und Sonne sind
$\varrho' = 3{,}44; \quad \varrho'' = 5{,}5; \quad \varrho''' = 1{,}44$.

4 Vermischte Aufgaben

Wir bringen nun einige Aufgaben mit geradem oder umgekehrtem Verhältnis. Ehe du die Lösung beginnst, frage dich, welches Verhältnis vorliegt. Sprich dann den entsprechenden Satz: „Je ... desto ...".

33 Wieviel Zentner Kohlen erhält man für 536,90 DM, wenn 52,8 Ztr. 778,80 DM kosten? Berechne auch den Zentnerpreis.

34 Mit welcher Geschwindigkeit mußte der Zeppelin fliegen, als er eine Weltfahrt in 14 Tagen ausführte, für die ein Flugzeug bei 392 km/h $4\frac{1}{4}$ Tage braucht? Wie lang ist die Flugstrecke?

35 Von zwei Röhren mit 55 cm² und 35 cm² Querschnitt füllt das eine Rohr ein Becken in 84 Minuten. Wie lange dauert es bei dem anderen Rohr?

36 Wieviel US-Dollar bekommt man für 35,84 Schweizer Franken, wenn man 19 $ für 48,64 sfr erhält? Wieviel sfr gibt es für 1 $?

37 In welcher Zeit kann ein Schnellzug, der bei 121 km/h sein Ziel in 17 Std. 30 Min. erreicht, denselben Weg bei 137,5 km/h zurücklegen? Berechne die Gesamtstrecke.

38 Ein Fußboden soll mit Parkett belegt werden. Die eine Sorte Dielen ist 35 cm lang und 10 cm breit. Wie breit muß die andere Sorte bei 50 cm Länge sein, wenn in jedem Fall dieselbe Anzahl Dielen verbraucht wird? Welche Fläche hat eine Diele?

39 Wieviel Dielen von 35 cm × 10 cm bzw. von 50 cm × 6,6 cm braucht man, um ein Zimmer von 4,20 m × 3,96 m zu belegen?

40 Welche Dichte hat ein Metallblock von 1367 g Gewicht, wenn ein gleich großer Eisenquader (Dichte = 7,5) 1152 g wiegt? Welches Volumen haben beide Metalle?

41 Wie groß ist die Dichte des Quecksilbers, wenn 3,75 dm³ Benzol (Dichte = 0,88) so viel wiegen wie 243 cm³ Quecksilber? Berechne das Gewicht beider Flüssigkeiten.

42 Welches Volumen hat ein Aluminiumwürfel (Dichte = 2,7), der das gleiche Gewicht wie ein Goldwürfel (Dichte = 19,3) von 3 cm Kantenlänge besitzt? Berechne das Gewicht der beiden Würfel.

Lösungen der Aufgaben **33** bis **42**.

Gerade Verhältnisse sind mit **G**, umgekehrte Verhältnisse mit **U** bezeichnet.

Zu **33**.   778,80 DM —— 52,8 Ztr.
          536,90 DM —— x Ztr.

Weniger Geld —— weniger Ware **G**

Schätze: Für etwa $\frac{2}{3}$ des Geldes bekommt man $\frac{2}{3}$ der Ware, das sind ≈ 34 Ztr.

    1 Ztr. kostet ≈ 800 : 50 = 16 DM

$$x = \frac{52,8 \cdot 5369}{7788} \text{ (kürze durch 12 und 11)} = \frac{0,4 \cdot 5369}{59} = 0,4 \cdot 91$$

$x =$ **36,4 Ztr**

1 Ztr. kostet $\frac{7788}{528} = \frac{5369}{364} =$ **14,75 DM**

Zu **34**.   4,25 Tage —— 392 km/h
          14   Tage —— x km/h

Mehr Zeit —— kleinere Geschwindigkeit **U**

$$x = \frac{392 \cdot 4,25}{14} = \textbf{119 km/h}$$

Die Flugstrecke beträgt $4\frac{1}{4} \cdot 392 = 14 \cdot 119 =$ **39 984 km***

Zu **35**.   55 cm² —— 84 Minuten } Enges Rohr —— längere Zeit **U**
          35 cm² —— x Minuten

$$x = \frac{84 \cdot 55}{35} = \textbf{132 Minuten}$$

PP: 55 · 84 = 35 · 132 = 4 620

Zu **36**.   48,64 sfr —— 19 $ } **G**
          35,84 sfr —— x $

$$x = \frac{19 \cdot 3584}{4864} \text{ (kürze nacheinander zweimal durch 8)} = \frac{19 \cdot 56}{76}$$

$x =$ **14 $**

1 $ = $\frac{48,64}{19} = \frac{35,84}{14} =$ **2,56 sfr**

Zu **37**.   121   km/h —— 17,5 Stunden
               137,5 km/h —— x Stunden

Größere Geschwindigkeit —— kürzere Zeit **U**

$$x = \frac{175 \cdot 121}{1375} \text{ (kürze durch 25 und 11)} = \frac{77}{5} = \textbf{15,4 Stunden}$$

Strecke = 17,5 · 121 = 15,4 · 137,5 = **2 117,5 km**.

---

* Erdumfang = 40 000 km.

Zu **38.** 35 cm Länge ——— 10 cm Breite ⎫ **U**
50 cm Länge ——— x cm Breite ⎭

$x = \frac{10 \cdot 35}{50} = \textbf{7 cm}$

Fläche $= 35 \cdot 10 = 50 \cdot 7 = \textbf{350 cm}^2$

Zu **39.** Zimmerfläche $= 16,632$ m^2.

Von der ersten Sorte (350 cm^2) braucht man $\frac{16632}{35} = \textbf{475 Dielen}$

Von der zweiten Sorte (330 cm^2) braucht man $\frac{16632}{33} = \textbf{504 Dielen}$

Zu **40.** 1 152 g ——— 7,5 g/cm^3 ⎫ **G**
1 367 g ——— ϱ g/cm^3 ⎭

$\varrho = \frac{7,5 \cdot 1367}{1152} = \textbf{8,9 g/cm}^3$ (Kupfer)

Volumen $= \frac{1152}{7,5} = \frac{1367}{8,9} = \textbf{153,6 cm}^3$

Zu **41.** 3 750 cm^3 ——— 0,88 g/cm^3
243 cm^3 ——— ϱ g/cm^3

Kleineres Volumen ——— größere Dichte **U**

$\varrho = \frac{0,88 \cdot 3750}{243} = \textbf{13,58 g/cm}^3$

Gewicht $= 3\,750 \cdot 0,88 = \textbf{3 300 g}$

PP: $243 \cdot 13,58 = 3\,299,94$

Zu **42.** Volumen des Goldwürfels $= 27$ cm^3

19,3 g/cm^3 ——— 27 cm^3
2,7 g/cm^3 ——— x cm^3

Kleinere Dichte ——— größeres Volumen **U**

$x = \frac{27 \cdot 19,3}{2,7} = \textbf{193 cm}^3$

Gewicht $= 27 \cdot 19,3 = \textbf{521,1 g}$

In den folgenden Aufgaben achte darauf, daß das im Ansatz vorn stehende Wertepaar einen gemeinsamen Teiler (ggT) hat.

43 Für 754,80 DM hat Herr Groß 51 Zentner Kohlen gekauft. Wieviel DM mußte er bei der nächsten Lieferung für 119 Ztr. bezahlen?

51 Ztr. ——— 754,80 DM ⎫
119 Ztr. ——— x DM ⎭ ggT $= 17$ **G**

$x = \frac{754,8 \cdot 7}{3} = \textbf{1 761,20 DM}$

1 Ztr. kostet $\frac{754,8}{51} = \frac{1761,2}{119} = \textbf{14,80 DM}$

44 Ein Personenzug braucht für eine gewisse Strecke $15\frac{3}{4}$ Stunden bei 48 km/h. Wie lange braucht ein Schnellzug für die gleiche Strecke, wenn seine Geschwindigkeit 108 km/h beträgt?

$$\left.\begin{array}{l}48 \text{ km/h} \longrightarrow 15{,}75 \text{ Stunden} \\ 108 \text{ km/h} \longrightarrow x \text{ Stunden}\end{array}\right\} \text{ggT} = 12 \quad \textbf{U}$$

$$x = \frac{15{,}75 \cdot 4}{9} = \textbf{7 Std} \text{ ; } \text{Strecke} = 48 \cdot 15\tfrac{3}{4} = 108 \cdot 7 = \textbf{756 km}$$

45 Durch ein Rohr mit dem Querschnitt 98,7 cm² wird ein Becken in 65 Minuten gefüllt. Welchen Querschnitt hat ein anderes Rohr, durch welches das Becken in 91 Minuten gefüllt wird?

$$\left.\begin{array}{l}65 \text{ Min.} \longrightarrow 98{,}7 \text{ cm}^2 \\ 91 \text{ Min.} \longrightarrow x \text{ cm}^2\end{array}\right\} \text{ggT} = 13 \quad \textbf{U}$$

$$x = \frac{98{,}7 \cdot 5}{7} = \textbf{70,5 cm}^2$$
PP: $65 \cdot 98{,}7 = 91 \cdot 70{,}5 = 6415{,}5$

46 Aus einer Sperrholzplatte wurden 162 Brettchen von 5,6 dm² geschnitten. Welche Fläche haben die Brettchen, wenn man nur 126 Stück aus der Platte schneidet? Berechne die Fläche der Platte.

$$\left.\begin{array}{l}162 \text{ Brettchen} \longrightarrow 5{,}6 \text{ dm}^2 \\ 126 \text{ Brettchen} \longrightarrow x \text{ dm}^2\end{array}\right\} \text{ggT} = 18 \quad \textbf{U}$$

$$x = \frac{5{,}6 \cdot 9}{7} = \textbf{7,2 dm}^2 \text{; } \text{Platte} = 162 \cdot 5{,}6 = 126 \cdot 7{,}2 = \textbf{907,2 dm}^2$$

47 Wieviel Gramm Zink (Dichte = 7,2) haben das gleiche Volumen wie 1 632 g Quecksilber (Dichte = 13,6)?

$$\left.\begin{array}{l}13{,}6 \text{ g/cm}^3 \longrightarrow 1\,632 \text{ g} \\ 7{,}2 \text{ g/cm}^3 \longrightarrow x \text{ g}\end{array}\right\} \text{ggT} = 8 \quad \textbf{G}$$

$$x = \frac{1632 \cdot 9}{17} = \textbf{864 g}; \quad \text{Volumen} = \frac{1632}{13{,}6} = \frac{864}{7{,}2} = \textbf{120 cm}^3$$

48 Welches Volumen nimmt ein Stück Kupfer (Dichte = 8,91) ein, wenn ein gleich schweres Stück Aluminium (Dichte = 2,75) das Volumen 243 cm³ hat?

$$\left.\begin{array}{l}2{,}75 \text{ g/cm}^3 \longrightarrow 243 \text{ cm}^3 \\ 8{,}91 \text{ g/cm}^3 \longrightarrow x \text{ cm}^3\end{array}\right\} \text{ggT} = 11 \quad \textbf{U}$$

$$x = \frac{243 \cdot 25}{81} = \textbf{75 cm}^3 \text{; } \text{Gewicht} = 243 \cdot 2{,}75 = 75 \cdot 8{,}91 = \textbf{668,25 g}$$

5 Zusammengesetzter Dreisatz

5.1 Aufgaben mit zwei geraden Verhältnissen

5.1.1 Erste Art

49 Wieviel Ar (a) können 30 Arbeiter in 9 Tagen umgraben, wenn 40 Arbeiter in 15 Tagen 120 a umgraben?

40 Arbeiter graben in 15 Tagen 120 a um
30 Arbeiter graben in 9 Tagen x a um

Die 30 Arbeiter verrichten weniger Arbeit als die 40 Arbeiter **G**
In 9 Tagen wird weniger Arbeit geleistet als in 15 Tagen **G**
Wir lassen zunächst die Zahl der Tage unverändert.

    I.   40 Arb. graben   in 15 Tg.   120 a um
    II.   1 Arb. gräbt   ⌈ in 15 Tg. ⌉ $\frac{120}{40} =$ 3 a um
    III. 30 Arb. graben ⌊ in 15 Tg. ⌋ $30 \cdot 3 =$ 90 a um

Nachdem wir wissen, was 30 Arbeiter leisten, lassen wir die Zahl der Arbeiter unverändert.

    III. 30 Arb.   graben in 15 Tg.   90 a um
    IV. ⌈30 Arb.⌉ graben in 1 Tg. $\frac{90}{15} =$ 6 a um
    V.   ⌊30 Arb.⌋ graben in 9 Tg. $9 \cdot 6 =$ **54 a** um

50 Wieviel Ziegel können 9 Arbeiter in 16 Stunden reichen, wenn 12 Arbeiter in 6 Stunden 21 600 Ziegel reichen?

    12 Arb. reichen in 6 Stunden 21 600 Ziegel
     9 Arb. reichen in 16 Stunden x Ziegel

Weniger Arbeiter —— weniger Ziegel **G**
in längerer Zeit   —— mehr Ziegel **G**

Wir lassen zunächst die Zahl der Arbeiter und nachher die Zahl der Stunden unverändert; denn es ist ja gleichgültig, ob wir im Ansatz zuerst die Arbeiter und dann die Stunden hinschreiben oder umgekehrt.

    I.   12 Arb. ——   6 Std. —— 21 600 Ziegel
    II. ⌈12 Arb.⌉ ——   1 Std. —— 3 600 Ziegel
    III. ⌊12 Arb.⌋ —— 16 Std. —— 57 600 Ziegel

    III. 12 Arb. —— 16 Std. —— 57 600 Ziegel
    IV. 1 Arb. —— ⌈16 Std.⌉ —— 4 800 Ziegel
    V.   9 Arb. —— ⌊16 Std.⌋ —— **43 200 Ziegel**

5.1.2 Zweite Art

51 Wieviel DM verdienen 50 Arbeiter bei 12,80 DM Stundenlohn in der Woche, wenn 30 Arbeiter bei 9,60 DM Stundenlohn wöchentl. 12 096 DM verdienen?

Wir rechnen jetzt auf eine andere Art, indem wir zunächst (in 2 Schritten) auf den Verdienst von 1 Arbeiter bei 1 DM Stundenlohn schließen und dann (in 2 Schritten) auf den Verdienst von 50 Arbeitern bei 12,80 DM Stundenlohn.

    I. | 30 Arb.   verd. bei   9,60 DM Stundenlohn   12 096 DM
    II.   ↓ 1 Arb.   verd. bei | 9,60 DM Stundenlohn   403,20 DM
    III.   1 Arb. | verd. bei ↓   1   DM Stundenlohn   42 DM*
    IV.   50 Arb. ↓ verd. bei   1   DM Stundenlohn | 2 100 DM
    V.   50 Arb.   verd. bei   12,80 DM Stundenlohn ↓ **26 880 DM**

---

* Die Zeile III. besagt, daß ein Arbeiter 42 Std. in der Woche arbeitet.

Bei dem zusammengesetzten Dreisatz kommen *drei* voneinander abhängige Größen vor. Die Berechnung geschieht in *fünf* Sätzen; man könnte deshalb auch von einem „Fünfsatz" sprechen.

5.1.3 Rechnen am Bruchstrich

52 Wieviel Kilometer kannst du bei täglich 6 Stunden Marschzeit in 7 Tagen gehen, wenn du in 5 Tagen bei 8 Stunden täglicher Marschzeit 160 km zurücklegen kannst?

Bedingungssatz: 8 Stunden —— 5 Tage —— 160 km
Fragesatz: 6 Stunden —— 7 Tage —— x km

Wir rechnen am Bruchstrich (siehe **1.6**), und zwar wie in Aufgabe **50**.

Wir lesen den Bedingungssatz und schreiben 160 in den Zähler: $\quad x = \dfrac{160}{}$

Bei tägl. 1 Std. geht man den 8. Teil des Weges; 8 in den Nenner: $\quad x = \dfrac{160}{8}$

Bei tägl. 6 Std. geht man 6mal so weit; 6 in den Zähler: $\quad x = \dfrac{160 \cdot 6}{8}$

In 1 Tag geht man den 5. Teil des Weges; 5 in den Nenner: $\quad x = \dfrac{160 \cdot 6}{8 \cdot 5}$

In 7 Tagen geht man 7 mal so weit; 7 in den Zähler: $\quad x = \dfrac{160 \cdot 6 \cdot 7}{8 \cdot 5}$

$x = \mathbf{168\ km}$

Geschwindigkeit $= \dfrac{160}{8 \cdot 5} = \dfrac{168}{6 \cdot 7} = \mathbf{4\ km/h}$

Bemerkung: Rechnet man nach **5.1.2**, so werden die einzelnen Zahlen lediglich in anderer Reihenfolge eingetragen:
$$x = \frac{160}{8};\quad \frac{160}{8 \cdot 5};\quad \frac{160 \cdot 6}{8 \cdot 5};\quad \frac{160 \cdot 6 \cdot 7}{8 \cdot 5}$$

Übungen: Die Aufgaben **49** bis **51** sind am Bruchstrich zu rechnen.

5.1.4 Dritte Art

53 Was verdienen 15 Arbeiter in 48 Stunden, wenn 45 Arbeiter in 24 Stunden (bei gleichem Stundenlohn) 13 500 DM verdienen?

45 Arbeiter —— 24 Std. —— 13 500 DM
15 Arbeiter —— 48 Std. —— x DM

Wir wollen an dieser „günstigen" Aufgabe eine dritte Art der Berechnung zeigen, die insbesondere für das *Abschätzen* des Ergebnisses in Betracht kommt.

Der 3. Teil der Arbeiter bekommt nur $\frac{1}{3}$ des Geldes (4 500 DM);

für die doppelte Zeit wird das doppelte Geld bezahlt (9 000 DM).

Es ist also $x = \frac{2}{3} \cdot 13\,500 = \mathbf{9\,000\ DM}$

Stundenlohn $= \dfrac{13\,500}{45 \cdot 24} = \dfrac{300}{24} = \mathbf{12{,}50\ DM}$

Übungen. Die Ergebnisse der Aufgaben **49** bis **52** sind auf diese Weise zu schätzen und zu berechnen.

Zu **49.** Im Fragesatz sind es $\frac{3}{4}$ der Arbeiter und $\frac{3}{5}$ der Tage; die geleistete Arbeit beträgt also $\frac{3}{4} \cdot \frac{3}{5} = \frac{9}{20}$ von 120 a, das ist etwas weniger als die Hälfte: $x < 60$ a.

$$x = \frac{9}{20} \cdot 120 = \mathbf{54\ a}$$

Zu **50.** Bei $\frac{3}{4}$ der Arbeiter und $\frac{8}{3}$ der Zeit wird, da $\frac{3}{4} \cdot \frac{8}{3} = 2$ ist, die doppelte Arbeit geleistet:

$$x = 2 \cdot 21\,600 = \mathbf{43\,200\ Ziegel}$$

Zu **51.** Bei $\frac{5}{3}$ der Arbeiter und $\frac{12,8}{9,6} = \frac{4}{3}$ des Stundenlohns ist der Verdienst $\frac{5}{3} \cdot \frac{4}{3} = \frac{20}{9}$ von 12 096 DM, das ist etwas mehr als das Doppelte:

$$x = \frac{20}{9} \cdot 12\,096 = \mathbf{26\,880\ DM}$$

Zu **52.** In $\frac{3}{4}$ der Stunden und $\frac{7}{5}$ der Tage werden $\frac{3}{4} \cdot \frac{7}{5} = \frac{21}{20}$ von 160 km zurückgelegt: $x > 160$:

$$x = \frac{21}{20} \cdot 160 = \mathbf{168\ km}$$

54 Eine Brücke über den Rhein von 520 m Länge unterliegt zwischen Winter ($-15°$) und Sommer ($+25°$) einem Temperaturunterschied von $40°$. Wie groß ist der Längenunterschied (u) der Brücke während eines Jahres?

Die Ausdehnungszahl von Eisen ist $\alpha = 0,012$ mm, das bedeutet: Ein 1 m langer Eisenstab dehnt sich bei $1°$ Erwärmung um 0,012 mm aus.

$$u = 520 \cdot 40 \cdot 0,012 = 249,6 \text{ mm} \approx \mathbf{25\ cm}$$

Wegen dieses großen Längenunterschiedes darf eine Brücke an ihren Enden nicht fest verankert werden!

55 Aus einer mit Wasser gefüllten 2-Liter-Flasche fließen 56 cm³ Wasser aus, wenn es von $15°$ auf $85°$ erwärmt wird. Man berechne die Ausdehnungszahl γ des Wassers. (Abb. 13).

Die Ausdehnungszahl γ gibt an, um wieviel Kubikzentimeter sich 1 Liter Wasser bei Erwärmung um $1°$ ausdehnt.

2 Liter dehnen sich bei $70°$ Temperaturerhöhung um 56 cm³ aus
1 Liter dehnt sich bei $1°$ Temperaturerhöhung um γ cm³ aus

$$\gamma = \frac{56}{2 \cdot 70} = \mathbf{0,4\ cm^3}$$

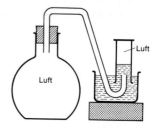

Abb. 13. Wärmeausdehnung des Wassers

Abb. 14. Ausdehnung der Luft beim Erwärmen

56 Die Luft in einem 5-Liter-Gefäß wurde von 0° auf 79° erwärmt. Wieviel Liter (x) Luft entweichen, wenn sich die Luft bei 1° Temperaturerhöhung um $\gamma = \frac{1}{273}$ ihres ursprünglichen Volumens ausdehnt? (Abb. 14).

$$x = \frac{5 \cdot 79}{273} = 1{,}45 \text{ Liter}$$

5.2 Aufgaben mit geradem und umgekehrtem Verhältnis

57 In wieviel Tagen können 16 Arbeiter 160 a umgraben, wenn 28 Arbeiter in 24 Tagen 112 a umgraben?

Im Fragesatz ist eine größere Fläche zu bearbeiten, wozu mehr Zeit nötig ist (**G**). Es stehen aber weniger Arbeiter zur Verfügung, die mehr Zeit brauchen (**U**). Die Aufgabe kann auf 3 Arten gelöst werden.

Erste Art

$$\begin{aligned}
28 \text{ Arb.} &\longrightarrow 112 \text{ a} \longrightarrow = 24 \text{ Tg.} \\
1 \text{ Arb.} &\longrightarrow \left[112 \text{ a}\right] \longrightarrow 28 \cdot 24 = 672 \text{ Tg. (28 mal so lang)} \\
16 \text{ Arb.} &\longrightarrow \left[112 \text{ a}\right] \longrightarrow \frac{672}{16} = 42 \text{ Tg. (den 16. Teil)} \\
\left[16 \text{ Arb.}\right] &\longrightarrow 1 \text{ a} \longrightarrow \frac{42}{112} = \frac{3}{8} \text{ Tg. (den 112. Teil)} \\
\left[16 \text{ Arb.}\right] &\longrightarrow 160 \text{ a} \longrightarrow \frac{3}{8} \cdot 160 = \textbf{60 Tg.} \text{ (160 mal so lang)}
\end{aligned}$$

Zweite Art

$$\begin{aligned}
28 \text{ Arb.} &\longrightarrow 112 \text{ a} \longrightarrow = 24 \text{ Tage} \\
1 \text{ Arb.} &\longrightarrow 112 \text{ a} \longrightarrow 28 \cdot 24 = 672 \text{ Tage} \\
1 \text{ Arb.} &\longrightarrow 1 \text{ a} \longrightarrow \frac{672}{112} = 6 \text{ Tage}^{*} \\
16 \text{ Arb.} &\longrightarrow 1 \text{ a} \longrightarrow \frac{6}{16} = \frac{3}{8} \text{ Tage} \\
16 \text{ Arb.} &\longrightarrow 160 \text{ a} \longrightarrow \frac{3}{8} \cdot 160 = \textbf{60 Tage}
\end{aligned}$$

---

* Diese Zeile besagt, daß 1 Arbeiter täglich $\frac{1}{6}$ a umgräbt.

58 35 Arbeiter graben 140 a in 16 Tagen um. Wieviel Arbeiter können 300 a in 12 Tagen umgraben?

In 16 Tagen werden 140 a von 35 Arbeitern umgegraben
in 12 Tagen werden 300 a von x Arbeitern umgegraben

Weniger Tage —— mehr Arbeiter	**U**
mehr Arbeit —— mehr Arbeiter	**G**

Wir rechnen am Bruchstrich nach der ersten Art:

Bedingungssatz lesen und 35 in den Zähler schreiben: $\quad x = \dfrac{35}{}$

in 1 Tag..... 16 mal so viel Arbeiter $\quad x = \dfrac{35 \cdot 16}{}$

in 12 Tagen... den 12. Teil der Arbeiter $\quad x = \dfrac{35 \cdot 16}{12}$

für 1 a ..... den 140. Teil der Arbeiter $\quad x = \dfrac{35 \cdot 16}{12 \cdot 140}$

für 300 a ..... 300 mal so viel Arbeiter $\quad x = \dfrac{35 \cdot 16 \cdot 300}{12 \cdot 140}$

$$x = \mathbf{100 \ Arbeiter}$$

59 In 11 Tagen verdienen 32 Arbeiter 26 400 DM. Von wieviel Arbeitern werden 18 975 DM in 23 Tagen verdient?

26 400 DM werden in 11 Tagen von 32 Arbeitern verdient
18 975 DM werden in 23 Tagen von x Arbeitern verdient

Weniger Verdienst von weniger Arbeitern	**G**
in längerer Zeit von weniger Arbeitern	**U**

$x = \dfrac{32 \cdot 18975 \cdot 11}{26400 \cdot 23}$ (*kürze durch 8, 11, 3, 100*) = **11 Arbeiter**

Tagesverdienst = $\dfrac{26400}{11 \cdot 32} = \dfrac{18975}{23 \cdot 11} = \mathbf{75 \ DM}$

60 Wieviel Tage braucht man für 176 km bei täglich 4 Stunden Marschzeit, wenn man bei täglich 7 Stunden Marschzeit in 5 Tagen 140 km zurücklegt?

Bei täglich 7 Std. geht man 140 km in 5 Tagen
bei täglich 4 Std. geht man 176 km in x Tagen

Kürzere Marschzeit —— mehr Tage	**U**
längerer Weg —— mehr Tage	**G**

$$x = \dfrac{5 \cdot 7 \cdot 176}{4 \cdot 140} = \mathbf{11 \ Tage}$$

Geschwindigkeit = $\dfrac{140}{7 \cdot 5} = \dfrac{176}{4 \cdot 11} = \mathbf{4 \ km/h}$

5.3 Aufgaben mit zwei umgekehrten Verhältnissen

61 5 Röhren von 40 cm^2 Querschnitt füllen ein Becken in 28 Stunden. In welcher Zeit wird das Becken durch 12 Röhren von 14 cm^2 Querschnitt gefüllt?

5 Röhren von 40 cm^2 —— 28 Stunden
12 Röhren von 14 cm^2 —— x Stunden

Dritte Art: Wir können sie beim *Schätzen* anwenden (vgl. Aufg. 53).

Schätzung: Rund $2\frac{1}{2}$ mal so viel Röhren erfordern den $2\frac{1}{2}$ten Teil der Zeit ($\approx$ 10 Std.);

bei rund $\frac{1}{3}$ des Querschnitts dauert das Füllen die 3fache Zeit ($\approx$ 30 Std.).

Berechnung: $\frac{12}{5}$ der Röhren erfordern $\frac{5}{12}$ der Zeit;

$\frac{14}{40} = \frac{7}{20}$ des Querschnitts erfordert $\frac{20}{7}$ der Zeit:

$$x = 28 \cdot \frac{5}{12} \cdot \frac{20}{7} = 33\frac{1}{3} \text{ Stunden}$$

Übungen. Die Aufgaben **57** bis **60** sind auf diese Art zu schätzen bzw. zu berechnen.

Zu **57.** $\frac{16}{28} = \frac{4}{7}$ der Arbeiter brauchen $\frac{7}{4}$ mal so viel Zeit   **U**

$\frac{160}{112} = \frac{10}{7}$ der Arbeit erfordert $\frac{10}{7}$ mal so viel Zeit   **G**

$$x = 24 \cdot \frac{7}{4} \cdot \frac{10}{7} = 60 \text{ Tage}$$

Zu **58.** $\frac{12}{16} = \frac{3}{4}$ der Zeit erfordert $\frac{4}{3}$ mal so viel Arbeiter;

$\frac{300}{140} = \frac{15}{7}$ der Arbeit erfordern $\frac{15}{7}$ mal so viel Arbeiter:

$$x = 35 \cdot \frac{4}{3} \cdot \frac{15}{7} = 100 \text{ Arbeiter}$$

Zu **59.** $\frac{18975}{26400} = \frac{23}{32}$* des Verdienstes $\cdots$ $\frac{23}{32}$ der Arbeiter;

$\frac{23}{11}$ fache Zeit $\cdots$ $\frac{11}{23}$ der Arbeiter:

$$x = 32 \cdot \frac{23}{32} \cdot \frac{11}{23} = 11 \text{ Arbeiter}$$

Zu **60.** $\frac{4}{7}$ der Marschzeit $\cdots$ $\frac{7}{4}$ mal so viel Tage;

$\frac{176}{140} = \frac{44}{35}$ des Weges $\cdots$ $\frac{44}{35}$ mal so viel Tage:

$$x = 5 \cdot \frac{7}{4} \cdot \frac{44}{35} = 11 \text{ Tage}$$

PROZENTRECHNUNG

6 Rabattrechnung

6.1 Zur Einführung

Die Prozentrechnung spielt im täglichen Leben eine große Rolle. Bei der Sparkasse bekommt man für sein Sparguthaben 5 oder 6 Prozent (%) Zinsen. Die

* gekürzt durch 25, 11, 3.

meisten Geschäfte gewähren auf den Warenpreis 3% Rabatt. Beim Sommer- und Winterschlußverkauf werden einzelne Waren mit 10 oder mehr Prozent Nachlaß abgegeben. Die Bundesbahn gibt bei besonderen Gelegenheiten Fahrpreisermäßigungen von 30 oder 50%. Manche Geschäfte gewähren dem Käufer 2% Skonto, wenn er die Rechnung innerhalb von 10 Tagen bezahlt.

6.2 Der Prozentbegriff

6.2.1 Der Rabatt

Beispiele

(1) Bei manchen Warenpackungen ist der Warenpreis aufgedruckt, etwa 500 g Kaffee: Empfohlener Richtpreis 8 DM.
Ein Schildchen gibt den Verkaufspreis an: 7,76 DM.
Der Kunde spart also 24 Pf.

(2) Eine Dose Öl kostet 3 DM und wird für 2,91 DM verkauft. Der Kunde hat 9 Pf gespart.

Abb. 15. Hier gibt es 3% Rabatt

In beiden Fällen gewährt der Kaufmann einen Preisnachlaß, den man *Rabatt* nennt.

6.2.2 Vergleichsgrundlage

Um die Höhe des Rabatts in beiden Fällen vergleichen zu können, ist man übereingekommen, den Rabatt auf 100 Pf Warenpreis zu beziehen:

(1) Bei 800 Pf bekommt man 24 Pf Rabatt,
bei 100 Pf bekommt man 3 Pf Rabatt.

(2) Bei 300 Pf beträgt der Rabatt 9 Pf,
bei 100 Pf beträgt der Rabatt 3 Pf.

Sowohl bei dem Kaffee als auch bei dem Öl gibt der Kaufmann
         3 Pf   Rabatt auf 100 Pf   Warenpreis
bzw.   3 DM Rabatt auf 100 DM Warenpreis.

Man sagt kurz:
        Er gibt 3 vom Hundert (3 v. H.) Rabatt
        oder   3 Prozent* (3%) Rabatt.

---

* pro-zent = für Hundert, *lat.* centum, *franz.* cent.

Bemerkung: In früheren Jahren wurde der Rabatt nicht sofort beim Einkauf abgezogen. Der Kunde erhielt für je 20 Pf eine Rabattmarke. Er sammelte sie in einem Heftchen mit 250 Feldern. Für das vollgeklebte Heft vergütete der Kaufmann 1,50 DM. Die 250 Rabattmarken zu 20 Pf entsprechen einer Kaufsumme von 50 DM, für die 1,50 DM Rabatt gegeben wurden. Bei 100 DM Einkauf erhielt der Kunde 3 DM Rabatt, mit anderen Worten: 3% Rabatt.

6.2.3 Grundbegriffe

Man nennt 3% den *Prozentsatz*.

Der Warenpreis wird allgemein als *Grundwert* bezeichnet:

Der Grundwert ist 100%.
1% ist der hundertste Teil des Grundwertes.

Den Rabatt nennt man allgemein den *Prozentwert*. Der um den Rabatt verminderte Warenpreis heißt *Barzahlung*, allgemein der *verminderte Wert*.

Beispiel: Prozentsatz $p = 5\%$.

Bezeichnung	Abkürzung	allgemeine Bezeichnung	spezielles Beispiel
Warenpreis	w	Grundwert	300 DM
Rabatt	r	Prozentwert	15 DM
Barzahlung	b	verminderter Wert	285 DM

6.3 Aufgaben

62 Im Sommerschlußverkauf wird ein Mantel zu 250 DM mit 15% Rabatt abgegeben. Wie hoch ist der Rabatt und die Barzahlung?

Es gibt drei Lösungswege.

(1) Die Aufgabe kann mit dem Dreisatz gelöst werden:
Bei 100 DM —— 15 DM Rabatt
bei 250 DM —— **37,50 DM Rabatt**, also Barzahlung = 212,50 DM

(2) Man geht von 1% aus: 1% = 2,50 DM
15% = 37,50 DM Rabatt

(3) Man geht von dem Rabatt für 1 DM aus:
Von 1 DM bekommt man 15 Pf Rabatt
von 250 DM bekommt man 3 750 Pf = 37,50 DM Rabatt

63 Berechne Rabatt und Barzahlung nach einer dieser Arten für die nachstehenden Warenpreise, wenn das Geschäft 12% Rabatt gewährt.

Warenpreis	25 DM	70 DM	45 DM	Summe 140 DM
Rabatt	3 DM	8,40 DM	5,40 DM	16,80 DM
Barzahlung	22 DM	61,60 DM	39,60 DM	123,20 DM

Bemerkung: Bei „Tabellenaufgaben" sind die gegebenen Werte und die Ergebnisse durch einen dicken Strich getrennt.

64 Man berechne den Rabatt für die folgenden Warenpreise und Prozentsätze:

7% von 48 DM	8% von 6,50 DM	30% von 148,50 DM
15% von 28 DM	12% von 13,75 DM	15% von 18,25 DM
18% von 135 DM	25% von 87,40 DM	18% von 25,35 DM

Ergebnisse: 3,36 DM; 4,20 DM; 24,30 DM; 0,52 DM;
1,65 DM; 21,85 DM; 44,55 DM;
$18,25 \cdot 15 = 273,75$ Pf $= 2,74$ DM*;
$25,35 \cdot 18 = 456,30$ Pf $= 4,56$ DM.

65 Wieviel DM Rabatt werden auf die folgenden Warenpreise bei 12%, 18%, 30%, 40% gewährt? Bruchteile von Pfennigen sind auf- bzw. abzurunden.

Warenpreis	12%	18%	30%	40%	100%
27,50	3,30	4,95	8,25	11,00	27,50
53,25	6,39	9,59	15,98	21,30	53,26**
68,45	8,21	12,32	20,54	27,38	68,45
12,95	1,55	2,33	3,89	5,18	12,95
162,15	19,45	29,19	48,66	64,86	162,16**

Bemerkung: Die Summe der Prozentzahlen ist 100 (letzte Spalte). Deshalb müssen Längs- und Queraddition den gleichen Betrag ergeben.***

6.4 Prozentsätze, die in 100 enthalten sind

6.4.1 Beispiele

(1) Wie könnte man wohl 20% von 450 DM einfacher als in den Aufgaben **63** bis **65** berechnen?

Da 20 der 5. Teil von 100 ist, so ist das Rabatt $\frac{1}{5}$ des Grundwertes, also 90 DM. Die Barzahlung beträgt mithin $\frac{4}{5}$ des Grundwertes (360 DM); sie ist das 4fache des Rabatts.

(2) Bei einem Ausverkauf kündigt ein Geschäft $33\frac{1}{3}$% Rabatt auf einen Orientteppich für 2 400 DM an.

Warum hat man diesen „ausgefallenen" Prozentsatz gewählt?

$33\frac{1}{3}$ ist der 3. Teil von 100. Der Kaufmann gibt also 800 DM Rabatt; die Barzahlung ist $\frac{2}{3}$ des Grundwertes (1 600 DM), d.h. gleich dem doppelten Rabatt.

---
* Rechenvorteile bei der Multiplikation mit Zahlen des großen Einmaleins siehe Bd. 1. Über Auf- und Abrunden siehe Bd. 2.
** Der Unterschied von 1 Pf entsteht durch das mehrmalige Auf- und Abrunden.
*** Siehe Bd. 1.

6.4.2 Übersicht der in 100 enthaltenen Prozentsätze
(Grw. = Grundwert)

50% ist $\frac{1}{2}$ des Grw.	$33\frac{1}{3}$% ist $\frac{1}{3}$ des Grw.	20% ist $\frac{1}{5}$ des Grw.
25% ist $\frac{1}{4}$ des Grw.	$16\frac{2}{3}$% ist $\frac{1}{6}$ des Grw.	10% ist $\frac{1}{10}$ des Grw.
$12\frac{1}{2}$% ist $\frac{1}{8}$ des Grw.	$8\frac{1}{3}$% ist $\frac{1}{12}$ des Grw.	5% ist $\frac{1}{20}$ des Grw.
$6\frac{1}{4}$% ist $\frac{1}{16}$ des Grw.	$4\frac{1}{6}$% ist $\frac{1}{24}$ des Grw.	$2\frac{1}{2}$% ist $\frac{1}{40}$ des Grw.
	$6\frac{2}{3}$% ist $\frac{1}{15}$ des Grw. $\quad 3\frac{1}{3}$% ist $\frac{1}{30}$ des Grw.	

6.4.3 Probe

Die in 6.4.1 geschilderte Berechnung von Rabatt und Barzahlung kann als Probe dienen:

Rabatt + Barzahlung = Warenpreis $\quad (r + b = w)$.

Beispiel: $w = 360$ DM

p %	Rabatt = Bruchteil des Grundwertes	Barzahlung = Vielfaches des Rabatts	r DM	b DM	
25	$\frac{1}{4}$	3	90	$3 \cdot 90$	$= 270$
$8\frac{1}{3}$	$\frac{1}{12}$	11	30	$11 \cdot 30$	$= 330$
$6\frac{1}{4}$	$\frac{1}{16}$	15	22,50	$15 \cdot 22{,}50$	$= 337{,}50$

66 Man berechne den Rabatt und die Barzahlung wie im vorstehenden Beispiel und mache die Probe $(r + b = w)$.

w DM	p %	r ist Bruchteil von w	r DM	b ist Vielfaches von r	b DM
43,68	$16\frac{2}{3}$	$\frac{1}{6}$	7,28	5	36,40
52,05	$6\frac{2}{3}$	$\frac{1}{15}$	3,47	14	48,58
127,80	$8\frac{1}{3}$	$\frac{1}{12}$	10,65	11	117,15
46,08	$12\frac{1}{2}$	$\frac{1}{8}$	5,76	7	40,32
298,24	$6\frac{1}{4}$	$\frac{1}{16}$	18,64	15	279,60
567,85	—	—	45,80	—	522,05*

* Die Addition soll hier (und im folgenden) zur Probe dienen.

67 In den folgenden Aufgaben ist der Rabatt mit Hilfe der Tabelle in **6.4.2** zu schätzen.

w DM	p %	Schätzung von r Bruchteil von w	DM	r DM	b DM
2 340	8	$< \frac{1}{12}$	< 200	187,20	2 152,80
804	12	$< \frac{1}{8}$	< 100	96,48	707,52
5 444	16	$< \frac{1}{6}$	< 900	871,04	4 572,96
785	6	$< \frac{1}{16}$	< 50	47,10	737,90
620	15	$> \frac{1}{7}$	> 90	93,00	527,00
415	14	$< \frac{1}{7}$	< 60	58,10	356,90
968	7	$< \frac{1}{14}$	< 70	67,76	900,24
555	13	$> \frac{1}{8}$	> 70	72,15	482,85
1 385	9	$\approx \frac{1}{11}$	≈ 126	124,65	1 260,35
1 250	$5\frac{1}{2}$	$\approx \frac{1}{18}$	≈ 70	68,75	1 181,25

7 Mögliche Aufgaben

Bei den bisher besprochenen Rabattaufgaben war außer dem Warenpreis w (Grundwert) der Prozentsatz p bekannt. Daraus konnten wir den Rabatt r (Prozentwert) und die Barzahlung b berechnen.

Wenn von den vier vorkommenden Größen zwei gegeben sind, dann lassen sich die beiden anderen berechnen. Es sind also 6 verschiedene Aufgaben möglich:

Aufgabe	1	2	3	4	5	6
gegeben	$w; p$	$w; r$	$w; b$	$r; b$	$p; r$	$p; b$

7.1 Gegeben: Warenpreis (w) und Prozentsatz (p)
(Zur Wiederholung)

68 Berechne den Rabatt r und die Barzahlung b von folgenden Warenpreisen w bei $p = 5\%$.

w (DM)	Schätzung		r (DM)	b (DM)
	w (DM)	r (DM)		
38,27	< 40	< 2	1,91	36,36
65,76	> 60	> 3	3,29	62,47
77,94	< 80	< 4	3,90	74,04
22,63	> 20	> 1	1,13	21,50
204,60	> 200	> 10	10,23	194,37

7.2 Gegeben: Warenpreis (w) und Rabatt (r)

Berechne den Prozentsatz (p) und die Barzahlung (b)

69 Auf einen Anzug, der mit 240 DM ausgezeichnet war, wurden 36 DM Rabatt gegeben.

Mit Dreisatz: Von 240 DM bekommt man 36 DM Rabatt
von 100 DM bekommt man $\frac{36 \cdot 100}{240} = 15$ DM Rabatt

$p = 15\%;\quad b = 204$ **DM**

70 Auf ein Buch für 40 DM wurden 4,80 DM Rabatt gegeben.
Mit Dreisatz findet man $p = 12\%;\quad b = 35,20$ **DM**.

71 In den folgenden Aufgaben ist der Rabatt ein Bruchteil des Warenpreises. Der Prozentsatz kann nach **6.4.2** angegeben werden.

w DM	r DM	r ist ein Bruchteil von w	p %	b DM
38,00	9,50	$\frac{1}{4}$	25	28,50
12,45	4,15	$\frac{1}{3}$	$33\frac{1}{3}$	8,30
47,33	4,73	$\frac{1}{10}$	10	42,60
7,35	1,47	$\frac{1}{5}$	20	5,88
64,87	3,24	$\frac{1}{20}$	5	61,63
170,00	23,09	—	13,6	146,91

Zur Summe: $p = \frac{2309}{170} = 13,58$, aufgerundet 13,6%

Probe: 13,6% von 170 DM sind 23,12 DM (statt 23,09 DM).

7.3 Gegeben: Warenpreis (w) und Barzahlung (b)

Berechne den Rabatt (r) und den Prozentsatz (p)

72 Eine mit $w = 58,50$ DM ausgezeichnete Bluse wurde wegen geringer Verschmutzung für $b = 42,50$ DM abgegeben.

Aus $w - b = r$ erhalten wir $r = 16$ **DM** Rabatt.

Die Berechnung von p geschieht mit dem Dreisatz:

Bei 58,50 DM —— 16 DM Rabatt
bei 100 DM —— 27,35 DM Rabatt $\triangleq$ **27,35 %**

73 Ein Posten Bücher wurde billiger abgegeben. Man beachte, daß r ein Bruchteil von w ist.

w DM	b DM	r DM	r ist ein Bruchteil von w	p %
27,00	18,00	9,00	$\frac{1}{3}$	$33\frac{1}{3}$
8,40	7,00	1,40	$\frac{1}{6}$	$16\frac{2}{3}$
10,00	8,75	1,25	$\frac{1}{8}$	$12\frac{1}{2}$
18,75	15,00	3,75	$\frac{1}{5}$	20

74 Viele Geschäfte machen von Zeit zu Zeit Sonderangebote zu verbilligten Preisen. In den folgenden Beispielen sollen aus dem „empfohlenen Richtpreis" und dem verbilligten Preis der gewährte Rabatt und der Prozentwert ermittelt werden.

empfohlener Richtpreis (DM)	verbilligter Preis (DM)	Rabatt (DM)	p (%)
4,50	2,90	1,60	35,6
6,20	4,50	1,70	27,4
8,50	6,95	1,55	18,2
19,50	16,15	3,35	17,2
27,75	23,85	3,90	14,1
66,45	54,35	12,10	18,2

7.4 Gegeben: Rabatt (r) und Barzahlung (b)

Berechne den Warenpreis (w) und den Prozentsatz (p)

75 Wieviel Prozent Rabatt gewährte ein Geschäft auf einen Fernseher, der nach Abzug von 174 DM für 1 276 DM abgegeben wurde?

Aus $b + r = w$ erhalten wir den Warenpreis: $\qquad w = \mathbf{1\,450\ DM}$
Der Prozentsatz wird wie in Aufgabe **72** berechnet: $\qquad p = \mathbf{12\,\%}.$

76 In den folgenden Aufgaben ist *r* ein Bruchteil von *w*.

r DM	b DM	w DM	r ist ein Bruchteil von w	p %
3,25	48,75	52,00	$\frac{1}{16}$	$6\frac{1}{4}$
14,65	161,15	175,80	$\frac{1}{12}$	$8\frac{1}{3}$
8,50	42,50	51,00	$\frac{1}{6}$	$16\frac{2}{3}$
24,60	172,20	196,80	$\frac{1}{8}$	$12\frac{1}{2}$
51,00	424,60	475,60	$\approx \frac{1}{9}$	10,72

Probe*: 10,72% von 475,60 DM sind 50,98 DM $\approx$ 51 DM.

77 Man schätze, welcher Bruchteil *r* von *w* ist und gebe zunächst den ungefähren Prozentwert an.

r DM	b DM	w DM	r ist ein Bruchteil von w	p geschätzt %	p %
9,80	60	69,80	$\approx \frac{1}{7}$	14	14,04
3,50	38	41,50	$\approx \frac{1}{12}$	8	8,43
4,50	35	39,50	$\approx \frac{1}{9}$	11	11,39
7,50	37	44,50	$\approx \frac{1}{6}$	17	16,85
25,30	170	195,30	$\approx \frac{1}{8}$	13	12,94

Probe**: 25,30 DM von 195,30 DM sind $p = \frac{25\,300}{1953} = 12,94\%$.

7.5 Gegeben: Prozentsatz (*p*) und Rabatt (*r*)

Berechne den Warenpreis (*w*) und die Barzahlung (*b*).

78 Ein Möbelgeschäft gab beim Kauf einer Küche 8% Rabatt. Dadurch sparte der Käufer 56 DM.

Mit Dreisatz: 8% sind 56 DM
100% sind 700 DM

Die Küche kostete **700 DM**; die Barzahlung betrug **644 DM**.

---
* Berechnung mit abgekürzter Multiplikation, siehe Bd. 2.
** Berechnung mit abgekürzter Division, siehe Bd. 2.

79 In den nachstehenden Aufgaben ist p ein Bruchteil von 100.

p %	r DM	p ist ein Bruchteil von 100	w DM	b DM
$12\frac{1}{2}$	37,50	$\frac{1}{8}$	300	262,50
$8\frac{1}{3}$	73,50	$\frac{1}{12}$	882	808,50
$6\frac{1}{4}$	114,50	$\frac{1}{16}$	1 832	1 717,50
$33\frac{1}{3}$	34,00	$\frac{1}{3}$	102	68,00
25	182,00	$\frac{1}{4}$	728	546,00
$16\frac{2}{3}$	25,50	$\frac{1}{6}$	153	127,50
—	467,00	—	3 997	3 530,00

7.6 Gegeben: Prozentsatz (p) und Barzahlung (b)

Berechne den Warenpreis (w) und den Rabatt (r).

80 Nach Abzug von 15% Rabatt bezahlte Herr Schneider für einen Anzug 238 DM. Wie teuer war der Anzug ausgezeichnet?

Der Warenpreis = 100%, der Rabatt = 15%, also ist die Barzahlung = 85%.

Mit Dreisatz: $\quad$ 85% —— 238 DM
$\qquad\qquad\quad$ 100% —— $\frac{23\,800}{85}$ = **280 DM**

Der Anzug war mit 280 DM ausgezeichnet; Herr Schneider erhielt 42 DM Rabatt.

81 Man rechne entsprechend die folgenden Aufgaben:

p %	b DM	b %	w DM	r DM
12	66,00	88	75	9,00
8	64,40	92	70	5,60
18	106,60	82	130	23,40
$33\frac{1}{3}$	436,00	$66\frac{2}{3}$	654	218,00
—	673,00	—	929	256,00

82 Auf eine Kristallvase wurden $6\frac{2}{3}$% Rabatt gegeben. Die Barzahlung betrug 119 DM.

Da der Prozentsatz p gleich $\frac{1}{15}$ von 100 ist, so ist der Rabatt $r = \frac{1}{15}w$, mithin die Barzahlung $b = \frac{14}{15}w$.

Mit Dreisatz: $\frac{14}{15}w = 119$

$$w = 119 : \frac{14}{15} = 119 \cdot \frac{15}{14} = 127{,}50$$

Die Vase kostete **127,50 DM**; sie wurde mit **8,50 DM** Rabatt abgegeben.

83 In den nachstehenden Aufgaben ist p in 100 enthalten. Rechne wie in Aufgabe **82**.

p %	b DM	p ist Bruchteil von 100	r ist Bruchteil von b	r DM	w DM
$12\frac{1}{2}$	24,50	$\frac{1}{8}$	$\frac{1}{7}$	3,50	28,00
$16\frac{2}{3}$	49,50	$\frac{1}{6}$	$\frac{1}{5}$	9,90	59,40
$6\frac{1}{4}$	20,25	$\frac{1}{16}$	$\frac{1}{15}$	1,35	21,60
$8\frac{1}{3}$	495,00	$\frac{1}{12}$	$\frac{1}{11}$	45,00	540,00
—	589,25	—	—	59,75	649,00

Bemerkung zur 1. Aufgabe: $r = \frac{24{,}50}{7} = 3{,}50;\ w = 24{,}50 + 3{,}50 = 28{,}00.$

84 In den folgenden Aufgaben sind die fettgedruckten Werte gegeben. Schreibe die Aufgaben ab und berechne jedesmal die gesuchten Größen.

Nr.	w DM	p %	r DM	b DM
7.5	48,50	**6**	**2,91**	45,59
7.1	**12,50**	**16**	2,00	10,50
7.4	71,25	$6\frac{2}{3}$	**4,75**	**66,50**
7.5	148,08	$8\frac{1}{3}$	**12,34**	135,74
7.6	24,80	**15**	3,72	**21,08**
7.1	**59,52**	$12\frac{1}{2}$	7,44	52,08
7.3	**31,04**	$6\frac{1}{4}$	1,94	**29,10**
7.6	34,68	$16\frac{2}{3}$	5,78	**28,90**
7.2	**36,00**	12	**4,32**	31,68

8 Gerade und umgekehrte Verhältnisse

Da die Barzahlung die *Differenz* von Warenpreis und Rabatt ist, kommen in der Rabattrechnung für die Feststellung eines geraden oder umgekehrten Verhältnisses nur die drei Größen Warenpreis, Prozentsatz und Rabatt in Betracht.

8.1 Gerade Verhältnisse

85 Karl kaufte für 70 DM und erhielt 5,60 DM Rabatt. Wieviel Rabatt erhielt Hans für 50 DM beim gleichen Prozentsatz?

Für 70 DM erhält er 5,60 DM Rabatt
für 1 DM erhält er 0,08 DM Rabatt, das sind $p = 8\%$
für 50 DM erhält er 4,00 DM Rabatt

Je mehr Ware er kauft, desto mehr Rabatt bekommt er beim gleichen Prozentsatz: **G**

86 Hans und Günter haben ein gleich teures Buch gekauft. Hans erhielt 8 DM Rabatt bei 20%. Wieviel Rabatt bekam Günter bei 15%?

20% sind 8   DM
 1% sind 0,40 DM, also $w = 40$ DM
15% sind 6   DM

Je höher der Prozentsatz, desto mehr Rabatt bekommt man bei gleichem Warenpreis: **G**

8.2 Umgekehrtes Verhältnis

87 Für wieviel DM hat Frau Meier eingekauft, wenn sie bei 12% denselben Rabatt bekam wie Frau Schneider für 16 DM bei 15%?

Frau S.   15% von 16 DM sind   2,40 DM
Frau M. erhält bei 12% den gleichen Rabatt: 2,40 DM
                 1% sind 0,20 DM, also $w = 20$ DM

Frau M. erhält von 20 DM bei 12% $\Big\}$ 2,40 DM Rabatt
Frau S. erhält von 16 DM bei 15%

Je weniger Ware ich kaufe, desto höher muß der Prozentsatz sein, um den gleichen Rabatt zu bekommen: **U**

8.3 Übersicht

Aufgaben	Größen	Verhältnis	konstante Werte*
85	$w; r$	gerade	$\frac{5,6}{70} = \frac{4}{50} = 0,08 = \frac{r}{w}$
86	$p; r$	gerade	$\frac{8}{20} = \frac{6}{15} = 0,4 \;\; = \frac{r}{p}$
87	$w; p$	umgekehrt	$20 \cdot 12 = 16 \cdot 15 = 240 = w \cdot p$

* Vergleiche 1.5 und 2.3.

88 In den folgenden Aufgaben sind die fettgedruckten Größen gegeben.
Berechne die fehlenden Größen und bestätige die Konstanz der Werte.

Nr.	w (DM)	p (%)	r (DM)	Verhältnis	konstante Werte
7.2	**56** **80**	$6\frac{1}{4}$	**3,50** 5,00	G	$\frac{r}{w} = \frac{1}{16}$
7.1	**120** 90	**6** 8	7,20	U	$w \cdot p = 720$
7.3	50	**16** 20	**8,00** 10,00	G	$\frac{r}{p} = \frac{1}{2}$
7.6	**32**	**25** 30	8,00 9,60	G	$\frac{r}{p} = 0{,}32$
7.4	**63** 90	$6\frac{2}{3}$	**4,20** 6,00	G	$\frac{r}{w} = \frac{1}{15}$
7.5	**36** 25	$12\frac{1}{2}$ **18**	**4,50**	U	$w \cdot p = 450$

8.4 Vermischte Aufgaben

89 Ein rechteckiges Grundstück ($a = 250$ m, $b = 150$ m) wird teilweise mit Rasen bepflanzt, um den ein h m breiter Weg führt. Wieviel Prozent (p) der Gesamtfläche beträgt die Wegfläche, wenn h die Werte von 10 m bis 70 m annimmt?

Für $h = 20$ m hat das Rasenrechteck die Seiten 210 m und 110 m.

Rasenfläche $= 23\,100$ m²

Gesamtfläche $= 37\,500$ m²

Wegfläche $= 14\,400$ m² $p = \frac{14400}{375} = \frac{4800}{125} = 38{,}4\%$

h (m)	p (%)	D_1	D_2
0	0		
10	20,27	20,27	
20	38,40	18,13	2,14
30	54,40	16,00	2,13
40	68,27	13,87	2,13
50	80,00	11,73	2,14
60	89,60	9,60	2,13
70	97,07	7,47	2,13

Beobachtung: Die Differenzen der *p*-Werte sind in der Spalte D_1 eingetragen. Die Differenzen in Spalte D_1 unterscheiden sich um den in Spalte D_2 angeführten konstanten Wert 2,13*.

90 Ein Becken von 3 000 m³ Inhalt kann durch 3 Röhren gefüllt werden. Bei den einzelnen Röhren dauert das Füllen 10 bzw. 12 bzw. 15 Stunden. In wieviel Stunden wird das Becken durch die 3 Röhren gefüllt? Wieviel Prozent des Inhalts hat jedes Rohr geliefert?

In 1 Std. füllen die 3 Röhren

$$\frac{1}{10} + \frac{1}{12} + \frac{1}{15} = \frac{6+5+4}{60} = \frac{15}{60} = \frac{1}{4} \text{ des Beckens.}$$

Durch die 3 Röhren wird das Becken in **4 Std.** gefüllt.

Die Prozentanteile sind

$$\frac{400}{10} = 40\%; \quad \frac{400}{12} = 33\frac{1}{3}\%; \quad \frac{400}{15} = 26\frac{2}{3}\%$$

91 Ein Buchhändler hat ein Buch für 35 DM bezogen. Als Verdienst schlägt er 20% auf den Einkaufspreis. Er behauptet: Ich habe nur $16\frac{2}{3}\%$ verdient. Kläre diesen „Widerspruch" auf.

20% von 35 DM sind 7 DM, also Verkaufspreis 42 DM.

An 42 DM werden 7 DM verdient, das ist $\frac{1}{6} \triangleq 16\frac{2}{3}\%$.

Die verschiedenen Prozentsätze sind kein Widerspruch. Die 20% beziehen sich auf 35 DM als Grundwert, während sich die $16\frac{2}{3}\%$ auf 42 DM als Grundwert beziehen.

92 Aus dem nachstehenden „Fahrplan" ist zu berechnen, um wieviel Prozent sich die Geschwindigkeiten der beiden Züge unterscheiden.

		Sachsenroß-Expreß (E)	Schnellzug (D)
534 km	ab Hamburg	17.29	13.59
	an Frankfurt	22.36	20.30
Fahrzeit (Minuten)		307	391
Geschwindigkeit (km/h)		104,36	81,94

1. Art.	E : D	D : E
Zeitverhältnis	$\frac{307}{391} = 0{,}785$	1,274**
Geschwindigkeitsverhältnis***	$1{,}274 \triangleq 127{,}4\%$	$0{,}785 \triangleq 78{,}5\%$

E fährt **27,4%** schneller als D;
D fährt **21,5%** langsamer als E.

---
* Die Begründung für diese merkwürdige Tatsache kann erst in der Algebra (Bd. 23) gegeben werden.
** $0{,}785 \cdot 1{,}274 = 1{,}0001$.
*** Zeit und Geschwindigkeit stehen im umgekehrten Verhältnis (siehe 2.6).

2. Art. Geschwindigkeitsunterschied: 22,42 km/h.

Bezogen auf D : E ist $\frac{2242}{81{,}94} = 27{,}4\%$ schneller als D;

bezogen auf E : D ist $\frac{2242}{104{,}36} = 21{,}5\%$ langsamer als E.

3. Art. Die Aufgabe kann sogar ohne Berechnung der Geschwindigkeiten gelöst werden. Zeitunterschied: 84 Minuten.

$$\frac{84}{307} = 27{,}4; \qquad \frac{84}{391} = 21{,}5.$$

Je nachdem, welche der Größen E bzw. D als Grundwert gewählt wird, ergeben sich verschiedene Prozentwerte.

93 Eine Zahl ist $8\frac{1}{3}\%$ größer als 2 160 und $6\frac{1}{4}\%$ kleiner als 2 496. Wie heißt die Zahl?

$8\frac{1}{3}$ ist $\frac{1}{12}$ von 100; $\qquad$ 2 160 : 12 = 180

$6\frac{1}{4}$ ist $\frac{1}{16}$ von 100; $\qquad$ 2 496 : 16 = 156

2 160 + 180 = 2 496 − 156 = 2 340

Die Zahl heißt **2 340**.

94 Die Maßzahl* des Umfangs (u) eines Quadrats ist $p = 25\%$ der Maßzahl der Fläche (F). Man berechne die Quadratseite (a) und zeige, daß p und a im umgekehrten Verhältnis stehen.

$u = \frac{p}{100} F$, also $u = 4a = \frac{p}{100} a^2$ $\quad$ oder $\quad 4 = \frac{p}{100} a$, daraus

$$p \cdot a = \mathbf{400} \text{ (konstant)}$$

Für $p = 25$ ist $a = 16$; $u = 64$; $F = 256$**

95 Die Maßzahl der Oberfläche (F) eines Würfels ist $p = 150\%$ der Maßzahl des Volumens (V). Wie lang ist die Würfelkante (a)? In welchem Verhältnis stehen p und a?

$F = \frac{p}{100} V$, also $F = 6a^2 = \frac{p}{100} a^3$, daraus $p \cdot a = \mathbf{600}$ (konstant)

Auch hier liegt ein umgekehrtes Verhältnis vor.

Für $p = 150$ ist $a = 4$; $\quad F = 96$; $\quad V = 64$.

96 Für welche Quadratseite a sind die Maßzahlen von Umfang und Fläche gleich? — Für welche Würfelkante a haben Oberfläche und Volumen die gleiche Maßzahl?

In jedem Fall ist $p = 100$:

Quadrat: Aus $p \cdot a = 400$ wird $a = \mathbf{4}$; $\quad u = 16$; $\quad F = 16$;
Würfel: $\;$ Aus $p \cdot a = 600$ wird $a = \mathbf{6}$; $\quad F = 216$; $\quad V = 216$.

---

* Wenn ein Quadrat den Umfang 64 cm hat, so ist 64 die Maßzahl und cm die Benennung.
** Die Ergebnisse sind von der Benennung unabhängig; sie gelten für *jede* Benennung, etwa $a = 16$ m, $u = 64$ m, $F = 256$ m².

97 Die Quadratseite $a = 20$ cm wird in $n = 5$ Schritten jeweils um 20% verkleinert. Um wieviel Prozent hat dann die Fläche abgenommen?

			Abnahme der Fläche	
n	a (cm)	F (cm^2)	cm^2	%
0	20	400	0	0
1	16	256	144	36
2	12,8	163,84	236,16	59
3	10,24	104,86	295,14	74
4	8,192	67,11	332,89	83
5	6,554	42,95	357,05	89

Nach 5 Schritten beträgt die Fläche noch $\frac{43}{400} \approx \frac{11}{100}$ ($\triangleq 11\%$); sie hat um 89% abgenommen.

98 Die Kanten eines Quaders werden verkleinert: $a = 24$ cm um 25% und $b = 18$ cm um $16\frac{2}{3}\%$. Um wieviel Prozent muß man die Höhe $c = 20$ cm vergrößern, damit das Volumen gleich bleibt?

a wird um $\frac{1}{4}$ auf $\frac{3}{4}$ verkleinert,

b wird um $\frac{1}{6}$ auf $\frac{5}{6}$ verkleinert,

mithin: die Grundfläche $a \cdot b$ wird auf $\frac{3}{4} \cdot \frac{5}{6} = \frac{5}{8}$ verkleinert; deshalb muß man die Höhe c auf $\frac{8}{5}$, also um $\frac{3}{5} \triangleq 60\%$ vergrößern.

Probe: $V = 24 \cdot 18 \cdot 20 = 8\,640$ cm^3
$a' = 18$ cm, $b' = 15$ cm, $c' = 32$ cm, $V' = 8\,640$ cm^3.

99 Im Wasser sind 16 g Sauerstoff mit 2 g Wasserstoff verbunden. Im Kohlendioxid sind 12 g Kohlenstoff mit 32 g Sauerstoff verbunden. Wieviel Prozent der einzelnen Elemente enthalten die beiden Verbindungen?

Ergebnis: Wasser enthält 88,89% Sauerstoff + 11,11% Wasserstoff;

Kohlendioxid enthält 27,27% Kohlenstoff + 72,73% Sauerstoff.

100 Propangas besteht aus 81,82% Kohlenstoff (C) und 18,18% Wasserstoff (H). Die Atommassen sind C = 12 und H = 1. Man berechne das ganzzahlige Atomverhältnis C : H.

81,82 Masseneinheiten C entsprechen $\frac{81,82}{12} = 6,82$ Atomen

18,18 Masseneinheiten H entsprechen $\qquad\qquad$ 18,18 Atomen

Atomverhältnis C : H $= \frac{6,82}{18,18} = 0,375 = \frac{3}{8}$

Im Propan sind 3 Atome C mit 8 Atomen H verbunden. Deshalb gibt der Chemiker dem Propan die „Formel" C_3H_8.

101 Ein Spieler verliert bei vier Spielen nacheinander 15%, 12%, $16\frac{2}{3}$% und 10% seines jeweiligen Geldbetrages. Er behält 67,32 DM übrig. Wieviel Geld besaß er am Anfang?

Nach den einzelnen Spielen behält er 85%, 88%, $83\frac{1}{3}$% und 90% seines jeweiligen Besitzstandes übrig, oder in Bruchteilen:

0,85;   0,88; $0,8\overline{3}\cdots$*;   0,9.

Bei der Multiplikation dieser vier Werte erhält man 0,561, das ist der Bruchteil seines anfänglichen Besitzes:

$$0,561 \triangleq 67,32 \text{ DM}$$

$$1 \triangleq \frac{67,32}{0,561} = \textbf{120 DM}$$

Am Anfang hatte der Spieler 120 DM. Er verlor nacheinander
18,00 + 12,24 + 14,96 + 7,48 = 52,68 DM.

102 Ein Hohlwürfel aus Aluminium ($\varrho = 2,7$) mißt außen $a = 10$ cm und innen $b = 8,7$ cm. Zu wieviel Prozent (p) taucht er in Wasser ein? Zeige, daß er für die geringere innere Abmessung $b' = 8,57$ cm ganz eintaucht (Tiefgang $t_0 = 10$ cm), also in Wasser schwebt.

Volumen des Aluminiums $V = a^3 - b^3 = 1\,000 - 658,5 = 341,5 \text{ cm}^3$;
Gewicht des Hohlwürfels $G = V \cdot \varrho = 922$ g,
das ist nach dem 2. Archimedischen Gesetz (Anhang **2.2**) auch das Gewicht bzw. das Volumen des verdrängten Wassers. Den Tiefgang (t) erhalten wir aus

$$a^2 \, t = 922, \text{ also } t = \frac{922}{100} = 9,22 \text{ cm}$$

Der Hohlwürfel taucht zu **92,2%** seiner Höhe in das Wasser ein.

Für $b' = 8,57$ cm ist $V = 1\,000 - 629,4 = 370,6 \text{ cm}^3$; $G = 1\,000$ g, also $t_0 = 10$ cm: der Würfel schwebt im Wasser.

103 Ein Hohlwürfel von $a = 12$ cm Kantenlänge wiegt $G = 648$ g. Wieviel Prozent (p) der Würfelkante ragen aus dem Wasser? Wie stark kann man den Würfel belasten (B), damit er in Wasser schwebt? Der aus dem Wasser ragende Teil (h) soll als „Waage" von 100 zu 100 g geeicht werden.

Verdrängtes Wasser $= a^2 t = G = 648$, daraus $t = \frac{648}{144} = 4,5$ cm.

Aus dem Wasser ragen also $h = 7,5$ cm,

das sind $p = \frac{7,5}{12} \cdot 100 = \textbf{62,5\%}$

Bei der zulässigen Belastung (B) taucht der Würfel ganz in das Wasser:

$$a^3 = 12^3 = 1\,728 \text{ cm}^3 \triangleq 1\,728 \text{ g} = G + B, \text{ daraus}$$
$$B = 1\,728 - 648 = \textbf{1 080 g}$$

---

* $0,8\overline{3}\cdots = \frac{5}{6}$; siehe Bd. 2.

1 080 g bewirken ein Einsinken um $h = 7,5$ cm

100 g bewirken ein Einsinken um $\frac{7,5}{10,8} \approx 0,7$ cm = **7 mm**

Die Teilstriche sind (von $t = 4,5$ cm an) für je 100 g Belastung in 7 mm Abstand anzubringen.

104 Ein leerer Tanker hat das Gewicht $G_0 = 36\,000$ t (= Gewicht des verdrängten Wassers) und einen Tiefgang $t_0 = 4,50$ m. Der mit Benzin gefüllte Tanker verdrängt 140% mehr Wasser als der leere Tanker. Wieviel Tonnen bzw. Liter Benzin (B) hat er geladen ($\varrho = 0,8$)? Man berechne das Gesamtgewicht (G) und den Tiefgang (t).

140% von G_0 sind $1,4 \cdot 36\,000 = $ **50 400 t** Benzin,

das sind $\frac{50\,400}{0,8} = 63\,000$ m³ = **63 Millionen Liter**

Gesamtgewicht $G = 36\,000 + 50\,400 = $ **86 400 t**.

140% von t_0 sind 6,30 m; um diesen Wert sinkt der gefüllte Tanker tiefer ein. Er hat also einen Tiefgang von

$$t = 4,50 + 6,30 = \mathbf{10,80\ m}$$

Veranschaulichung: Ein quadratischer Turm vom Volumen 63 000 m³ hätte bei 20 m mal 20 m Grundfläche eine Höhe von fast 160 m, entsprechend der Höhe des Kölner Doms.

105 Zum Erhitzen von 50 Liter Wasser von 16° auf 100° wurden 4 kg Kohle verbraucht, deren Heizwert 7 000 kcal/kg beträgt. Zu wieviel Prozent wurde der Heizwert der Kohle ausgenutzt? (Vgl. Anhang **3.1**; **5.1** und **6**)

Verbrauchte Wärme = $50 \cdot 84$ = 4 200 kcal
Zugeführte Wärme = $4 \cdot 7\,000$ = 28 000 kcal
Wirkungsgrad $\eta = \frac{4\,200}{28\,000} = \frac{3}{20}$, das sind **15%**

106 Zur Bereitung eines Bades wurden 250 Liter Wasser von 14° auf 32° erwärmt. Wieviel kg Kohlen (x) vom Heizwert 7 500 kcal/kg sind nötig, wenn der Wirkungsgrad $\eta = 18\%$ ist?

Erforderliche Wärme = $250 \cdot 18 = 4\,500$ kcal

Ausgenutzte Wärme: 18% von 7 500 kcal sind 1 350 kcal

$$x = \frac{4\,500}{1\,350} = 3\tfrac{1}{3} \text{ kg Kohle}$$

107 Ein Elektromotor nimmt bei 220 Volt Spannung einen Strom von 7,5 Ampere auf. Wie groß ist seine theoretische Leistung in PS? Wie groß ist der Wirkungsgrad, wenn die tatsächliche Leistung nur 1,65 PS beträgt?

Es ist 1 Volt mal 1 Ampere = 1 Watt; 750 Watt $\approx$ 1 PS; siehe Anhang **5.2**.

Leistung = $220 \cdot 7,5 = 1650$ Watt, entsprechend $\frac{1650}{750} = 2,2$ PS.

Wirkungsgrad $\eta = \frac{1,65}{2,2} = 0,75 \mathrel{\hat=} \mathbf{75\%}$

108 Aus einem undichten zylindrischen Wasserbehälter ist ein Teil der Flüssigkeit ausgelaufen. Dadurch ist der Wasserspiegel von 1,35 m auf 1,17 m gesunken. Wieviel Prozent Wasser sind ausgelaufen?

Der Wasserhöhe 1,35 m entspricht das ursprüngliche Volumen, dem Höhenunterschied 0,18 m entspricht das Volumen des ausgelaufenen Wassers; also ist

$$p = 100 \cdot \frac{0,18}{1,35} = 13\frac{1}{3}\%$$

109 Eine Packung mit 100 Dragees kostet 28,50 DM. Wieviel Prozent günstiger ist eine 200-Stück-Packung, die für 47,50 DM abgegeben wird?

2 kleine Packungen kosten 57 DM; bei der großen Packung spart man 9,50 DM, das sind

$$\frac{950}{47,50} = 20\%$$

110 Ein Hustensaft wird in Mengen zu 100 cm³ für 5,80 DM und zu 250 cm³ für 11,60 DM verkauft. Wieviel Prozent spart man, wenn man die größere Menge kauft?

Die kleine Flasche mit 100 cm³ kostet   5,80 DM;
dann würden   250 cm³   14,50 DM kosten.
Die große Flasche mit 250 cm³ kostet 11,60 DM.
Die Ersparnis beträgt 2,90 DM, das sind **25%**.

111 Bei der 42-Stunden-Woche betrug der Wochenlohn eines Arbeiters 302,40 DM. Er änderte sich nicht bei der Einführung der 40-Stunden-Woche. Um wieviel Prozent ist dadurch der Lohn des Arbeiters gestiegen?

Die Aufgabe kann ohne Angabe des Wochenlohnes gelöst werden:

Bei der 42-Stunden-Woche —— 100%   **U**
bei der 40-Stunden-Woche —— x %
─────────────────────────────
$x = 105\%$

Die Einführung der 40-Stunden-Woche bedeutet für den Arbeiter eine Lohnerhöhung um **5%**.

Probe: Stundenlohn vorher 7,20 DM, nachher 7,56 DM, also Erhöhung um 0,36 DM bei 7,20 DM, das sind 5%.

9 Promillerechnung

9.1 Versicherungsprämie

Herr Schäfer hat sein Haus gegen Feuerschaden versichert. Er muß an die Versicherungsgesellschaft eine jährliche *Prämie** bezahlen, die sich nach dem Wert des Hauses richtet.

In der Versicherungsrechnung ist es üblich, die Prämie für 1 000 DM Ver-

---
* von *lat.* praemium = Vorteil, Belohnung.

sicherungssumme anzugeben, d.h. man bedient sich der Vergleichszahl **1 000**. Wenn die Versicherungsgesellschaft 3 DM Prämie für 1 000 DM Versicherungssumme verlangt, so sagt man:

Die Prämie beträgt 3 Promille* (3 $^0/_{00}$)

Für 100 DM muß man 0,30 DM Prämie bezahlen, das sind 0,3 %. Es sind also 3 $^0/_{00}$ = 0,3 %.

9.2 Aufgaben

112 Wieviel DM Prämie sind jährlich für ein mit 185 000 DM versichertes Haus zu zahlen, wenn 2$^0/_{00}$ Prämie berechnet werden?

Die Prämie beträgt **370 DM**.

113 Berechne die Prämien für die folgenden Versicherungen:

Versicherung	Wert (DM)	Prämie ($^0/_{00}$)	jährliche Prämie (DM)
gegen Feuerschaden	160 000	$\frac{1}{2}$	80
gegen Einbruch	80 000	$\frac{3}{4}$	60
gegen Diebstahl von Schmuck u. dgl.	24 000	$1\frac{1}{3}$	32

114 Ein Makler vermittelt den Kauf eines Hauses im Wert von 236 000 DM und beansprucht $2\frac{1}{2}$ $^0/_{00}$ Vermittlungsgebühr.

Der Makler bekommt **590 DM**.

115 Ein Kassenbote erhält neben seinem festen Monatseinkommen für das Einkassieren von Rechnungsbeträgen 4 $^0/_{00}$ Inkassogebühren. Berechne diese, wenn er in vier Wochen nachstehende Beträge einkassiert hat:

Woche	Betrag	Gebühr
1.	3 456,78 DM	13,83 DM
2.	4 321,09 DM	17,28 DM
3.	8 765,43 DM	35,06 DM
4.	1 357,90 DM	5,43 DM
Summe	17 901,20 DM	71,60 DM

116 In der Bundesrepublik mit b = 62 Millionen Bewohnern gibt es 1,7 $^0/_{00}$ Ärzte und 0,5 $^0/_{00}$ Zahnärzte. Wie groß ist die Zahl der Ärzte (a) und der Zahnärzte (z)? Für wieviel Bewohner steht ein Arzt bzw. ein Zahnarzt zur Verfügung?

---

* = von Tausend, von *lat.* mille.

$$a = \frac{1{,}7 \cdot b}{1\,000} = 105\,400 \text{ Ärzte}; \quad z = \frac{0{,}5 \cdot b}{1\,000} = 31\,000 \text{ Zahnärzte}.$$

Ein Arzt entfällt auf $\quad \frac{b}{a} \approx 600$ Bewohner;

ein Zahnarzt entfällt auf $\quad \frac{b}{z} \approx 2\,000$ Bewohner.

117 In den letzten Jahren wurden durchschnittlich $g = 700\,000$ Geburten und $t = 730\,000$ Todesfälle jährlich verzeichnet. Wieviel Promille (x) betrug der Überschuß der Sterbefälle?

$$x = 1\,000 \cdot \frac{t-g}{b} = 0{,}5\,^0/_{00}$$

118 Bei Verkehrsunfällen gab es in der Bundesrepublik Deutschland in einem Jahr $v = 527\,375$ Verletzte und $t = 18\,735$ Tote. Drücke ihren Anteil in Promille der Bevölkerung aus.

$$\text{Verletzte} = \frac{1\,000\,v}{b} = 8{,}5\,^0/_{00}; \quad \text{Tote} = \frac{1\,000\,t}{b} = 0{,}3\,^0/_{00},$$

das sind $\left\{ \begin{array}{l} 85 \text{ Verletzte} \\ 3 \text{ Tote} \end{array} \right\}$ auf 10 000 Bewohner.

10 Wurzelziehen

10.1 Definition der Wurzel

Wenn wir eine Fläche $F = 144$ m² als Quadrat (a^2) zeichnen wollen, so müssen wir die Quadratseite (a) bestimmen.

Wenn wir ein Volumen $V = 343$ cm³ als Würfel (a^3) zeichnen wollen, so müssen wir die Würfelkante (a) ermitteln.

In beiden Fällen finden wir a durch „Wurzelziehen".

Die Quadratwurzel aus 144 ist 12:

$$\sqrt[2]{144} = 12, \text{ denn } 12^2 = 144.$$

Die Kubikwurzel aus 343 ist 7:

$$\sqrt[3]{343} = 7, \text{ denn } 7^3 = 343\,*.$$

10.2 Fragestellung und Umkehrung

Eine Zahl wird um 1% vergrößert. Um wieviel Prozent vergrößert sich die Quadratzahl bzw. die Kubikzahl?

$$1{,}01^2 = 1{,}0201 \qquad 1{,}01^3 = 1{,}030301$$

Die Quadratzahl wird um rund 2%, die Kubikzahl um rund 3% größer.

Daraus folgt: Wird eine Quadratzahl bzw. eine Kubikzahl um 1% größer (oder kleiner), so nimmt die Grundzahl um $\approx \frac{1}{2}\%$ bzw. um $\approx \frac{1}{3}\%$ zu (oder ab).

---
* Quadrat- und Kubikzahlen siehe Bd. 1.

10.3 Wurzelziehen aus einer Nicht-Quadratzahl bzw. einer Nicht-Kubikzahl

10.3.1 $a = \sqrt[2]{5}$

$a = \sqrt[2]{5} > 2,2$, denn $2,2^2 = 4,84$ (0,16 zu klein);
$a = \sqrt[2]{5} < 2,3$, denn $2,3^2 = 5,29$ (0,29 zu groß).
also ist $2,2 < a \ll 2,3$, das heißt: a liegt näher bei 2,2 als bei 2,3.
$a^2 = 4,84$ muß um 0,16, das sind 3,2% vergrößert werden;
$a\ = 2,2$ muß um 1,6%, das sind 0,035 vergrößert werden;

$$\text{Grundzahl } a = \mathbf{2{,}235}; \quad a^2 = 4{,}995 \approx 5.$$

10.3.2 $a = \sqrt[3]{100}$

$a = \sqrt[3]{100} > 4,6$, denn $4,6^3 = 97,336$ (2,664 zu klein);
$a = \sqrt[3]{100} < 4,7$, denn $4,7^3 = 103,823$ (3,823 zu groß).
also ist $4,6 < a \ll 4,7$, das heißt: a liegt näher bei 4.6 als bei 4,7.
$a^3 = 97,336$ muß um 2,664, das sind 2,664% vergrößert werden;
$a\ = 4,6$ muß um 0,888%, das sind 0,04 vergrößert werden;

$$\text{Grundzahl } a = \mathbf{4{,}64}; \quad a^3 = 99{,}897 \approx 100.$$

Die Berechnung einer Wurzel auf 2 Dezimalstellen ist für unsere Zwecke (siehe **11.3**) im allgemeinen ausreichend.

Selbstverständlich können die in 10.3 berechneten Werte durch Wiederholung des Verfahrens noch verbessert werden:

in **10.3.1**: $a = 2,2361$ ($a^2 = 5,000_1$)
in **10.3.2**: $a = 4,6416$ ($a^3 = 100,000_7$)

119 $x = \sqrt[5]{5}$ (allgemein: $x = \sqrt[n]{z}$)

$x \approx 1,4; \quad 1,4^5 = 5,378$
Fehler bei z: $\frac{37,8}{5} = 7,56\%$
Fehler bei x: $\frac{7,56}{5} = 1,5\ \%$
1,5% von 1,4 sind 0,02, also $x = \mathbf{1{,}38}$

Probe: $1,38^5 = 5,00_5$.

120 $x = \sqrt[5]{5555}$

$\left.\begin{array}{l} 5^5 = 3\ 125 \\ 6^5 = 7\ 776 \end{array}\right\}\ 5,5^5 = 5\ 033; \quad 5,6^5 = 5\ 507$, also $x > 5,6$

Der Fehler bei z ist $48 \triangleq 0,86\%$
der Fehler bei x ist $\quad\quad 0,17\%$
0,17% von 5,6 sind 0,01, also $x = \mathbf{5{,}61}$

Probe: $5,61^5 = 5\ 556,7$.

121 $x = \sqrt[10]{10}$

Wegen $2^{10} = 1\,024 > 10^3$ ist $2^{30} > 10^9$ oder $8^{10} > 10^9$;

mithin ist $10 = \frac{10^{10}}{10^9} > \frac{10^{10}}{8^{10}} = \left(\frac{5}{4}\right)^{10}$,

daraus $\sqrt[10]{10} > \frac{5}{4} = 1{,}25$

$1{,}25^{10} = 9{,}313;\quad 0{,}687\%$ von $1{,}25$ sind $0{,}009$: $\quad x = \mathbf{1{,}259}$

Probe: $1{,}259^{10} = 10{,}00_7$.

11 Prozentrechnung im täglichen Leben

Alle Größenbeziehungen im täglichen Leben, die sich durch Maß und Zahl erfassen lassen, werden in Tabellen niedergelegt. Die statistischen Angaben pflegt man meist in Prozente umzurechnen, weil die Prozentzahlen eine bessere Vergleichsmöglichkeit bieten.

11.1 Beispiele und Aufgaben

(1) Von den beiden Gymnasien einer Stadt hatte die Albert-Schweitzer-Schule 540 Schüler, die Ricarda-Huch-Schule 384 Schüler. Davon wurden 54 bzw. 48 Schüler nicht versetzt. An welcher Schule war die Zahl der Nichtversetzten größer?

Die Antwort lautet selbstverständlich: an der Albert-Schweitzer-Schule. Daraus könnten wir den Schluß ziehen, daß an der Ricarda-Huch-Schule bessere Leistungen erzielt wurden. Diese Folgerung wäre aber falsch, denn die Ricarda-Huch-Schule hat ja viel weniger Schüler.

Wollen wir die „Leistungen" an beiden Schulen vergleichen, so müssen wir die Zahl der Nichtversetzten auf die *gleiche* Schülerzahl beziehen. Es liegt nahe, die Zahl **100** als Vergleichszahl zu wählen. Dann lautet die Frage: Wieviel Prozent der Schüler wurden an den beiden Schulen nicht versetzt?

Ergebnis: Albert-Schweitzer-Schule $\quad 10\%$,

Ricarda-Huch-Schule $\quad 12\frac{1}{2}\%$.

Die Albert-Schweitzer-Schule war also die „bessere" Schule.

(2) In den 3 Quarten eines Gymnasiums konnten einige Schüler nicht schwimmen. Wieviel Prozent Nichtschwimmer waren in jeder Klasse?

Klasse	7.1	7.2	7.3	alle Klassen
Schülerzahl	27	24	26	77
Nichtschwimmer	2	4	3	9
Nichtschwimmer (%)	7,4	$16\frac{2}{3}$	11,5	11,7

(3) Die Schüler eines Gymnasiums verteilten sich nach dem Wohnsitz der Eltern wie folgt:

Ort	am Schulort	in den Vororten	in den übrigen Orten des Kreises	in anderen Bundesländern	Summe
Schüler	169	278	14	7	468
%	36,1	59,4	3,0	1,5	100

122 Aus besonderem Anlaß wurde eine Goldmedaille mit dem Feingehalt 900/1 000 (kurz: G 900) geprägt. Ihr Gewicht betrug 17,5 g; sie wurde für 625 DM angeboten. Welchen Goldwert hat die Medaille bei einem Goldpreis von 16,50 DM/g? Wieviel Prozent des Verkaufspreises sind das?

Erste Art: 17,5 g G 900 enthalten 15,75 g Gold;
Goldwert: $15{,}75 \cdot 16{,}5 = 259{,}88$ DM $\approx$ **260 DM**
das sind $26\,000 : 625 = $ **41,6 %**.

Zweite Art: 1 g G 900 kostet $625 : 17{,}5 = 39{,}68$ DM;
1 g Gold kostet 16,50 DM,
das sind $1\,650 : 39{,}68 = 41{,}6\,\%$.

Kaum 42 % des Verkaufspreises entfallen auf den Goldwert; Herstellung und Gewinn machen über 58 % aus.

123 Die nebenstehende Bemerkung konnte man oft an Tanksäulen lesen. Wieviel Prozent Steuern kassiert der Staat? An den Staat fließen 65 % Steuern. Die restlichen 35 % verteilen sich auf den Verdienst des ölfördernden Landes, der den Treibstoff liefernden Gesellschaft und des Tankwartes.

Abb. 16. Für jeden Liter Benzin zahlt man **65 %** Steuern

124 Nichtrostender Stahl (V 2 A-Stahl, auch „Nirosta" genannt) enthält neben 100 Teilen Eisen (7,5) noch 23 Teile Chrom (6,9) und 11 Teile

Nickel (8,8 *). Wieviel Prozent der drei Metalle enthält der Stahl? Welches ist seine Dichte?

134 Teile $\triangleq$ 100%,

daraus 74,63% Eisen, 17,16% Chrom, 8,21% Nickel

$$\begin{array}{rl} 74{,}63 \text{ g Eisen} &= 9{,}95 \text{ cm}^3 \\ 17{,}16 \text{ g Chrom} &= 2{,}49 \text{ cm}^3 \\ 8{,}21 \text{ g Nickel} &= 0{,}93 \text{ cm}^3 \\ \hline 100 \quad \text{ g Stahl} &= 13{,}37 \text{ cm}^3 \end{array}$$

Die Dichte ist $\frac{100}{13,37} = 7{,}48 \approx$ **7,5 g/cm³**

Der nichtrostende Stahl hat die gleiche Dichte wie das Eisen. Das bedeutet, daß 23 Teile Chrom + 11 Teile Nickel die Dichte 7,5 haben, was sich leicht bestätigen läßt.

$$\frac{23 \cdot 6{,}9 + 11 \cdot 8{,}8}{34} = \frac{25{,}55}{34} = 7{,}5_1.$$

125 Das sogenannte Wood-Metall (WM) wird wegen seines niedrigen Schmelzpunktes (71°) zu Schmelzsicherungen verwendet. Seine Zusammensetzung:

Metall	Wismut (Bi)	Blei (Pb)	Cadmium (Cd)	Zinn (Sn)
Schmelzpunkt**	271°	327°	321°	231°
Prozent	50	25	12,5	12,5
Dichte	9,8	11,3	8,6	7,3

(1) Berechne die Dichte von Wood-Metall aus den vorstehenden Angaben.

(2) Ein 31,67 g schweres Stück Wood-Metall hatte in Wasser ein Gewicht von 28,35 g. Welche Dichte ergibt sich hieraus? (siehe Anhang 2.1)

$$\begin{array}{rl} 50 \quad \text{ g Bi} &= 5{,}102 \text{ cm}^3 \\ 25 \quad \text{ g Pb} &= 2{,}212 \text{ cm}^3 \\ 12{,}5 \text{ g Cd} &= 1{,}454 \text{ cm}^3 \\ 12{,}5 \text{ g Sn} &= 1{,}712 \text{ cm}^3 \\ \hline 100 \quad \text{ g WM} &= 10{,}480 \text{ cm}^3 \end{array}$$

$\varrho = \frac{100}{10,48} =$ **9,54 g/cm³**

Gewicht 31,67 g
Gewicht in Wasser 28,35 g

Gewichtsverlust 3,32 g
$\triangleq$ 3,32 cm³

$\varrho = \frac{31,67}{3,32} = 9{,}54 \text{ g/cm}^3$

126 Die Balken einer Waage unterscheiden sich infolge eines Konstruktionsfehlers um 1%. Dadurch findet man für das Gewicht (G) eines Körpers verschiedene Werte (P bzw. Q), je nachdem auf welche Waagschale er gelegt wird (Abb. 17). Um wieviel Prozent unterscheiden sich diese beiden Werte? Spezielle Aufgabe: $b = 20$ cm, $Q = 400$ g.

---
* Die Zahlen in Klammern sind die Dichten.
** Der Schmelzpunkt einer Legierung liegt stets niedriger als die Schmelzpunkte der einzelnen Metalle.

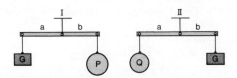

Abb. 17. **Gewichtsbestimmung mit einer fehlerhaft konstruierten Waage**

Nach dem Hebel-Gesetz (Anhang 1) ist

(I) $G \cdot a = P \cdot b$ (II) $Q \cdot a = G \cdot b$

Es sei $a > b$: a ist 1% größer als b, also $a = 1,01\,b$
dann ist $P > G$: P ist 1% größer als G, also $P = 1,01\,G$
und $G > Q$: G ist 1% größer als Q, also $G = 1,01\,Q$

mithin ist $P = 1,01 \cdot 1,01\,Q = 1,01^2\,Q = 1,02_{01}\,Q$:
P ist rund **2%** größer als Q.

Im speziellen Fall ist $a = 20,2$ cm, $P = 408$ g.

Mit (II): $20 \cdot G = 20,2 \cdot 400 = 8\,080$, also $G = \frac{8\,080}{20} = 404$ g

Das wahre Gewicht des Körpers ist $G = $ **404 g**.

11.2 Statistiken

127 In einem der letzten Jahre betrugen die Steuereinnahmen der Bundesrepublik 194 Milliarden DM. Der auf Bund, Länder und Gemeinden entfallende Prozentanteil ist in DM umzurechnen.

Steuereinnahmen	%	Mrd DM
des Bundes	52,4	101,7
der Länder	34,6	67,0
der Gemeinden	13,0	25,3
Summe	100	194,0

128 Von den 62,1 Millionen Bewohnern der Bundesrepublik sind 2,2% weniger als die Hälfte männlichen Geschlechts. Berechne die Anzahl der männlichen und weiblichen Bürger.

2,2% von 62,1 Mio sind 1,37 Mio

Ergebnis: $31,05 \pm 1,37 = \begin{cases} 29,68 \text{ Mio männliche Bürger} \\ 32,42 \text{ Mio weibliche Bürger} \end{cases}$

11.3 Zeichnerische Darstellung von Statistiken

Statistische Tabellen pflegt man häufig zeichnerisch darzustellen, weil solche Zeichnungen einen besseren Überblick gestatten als lange Zahlenübersichten. Es gibt verschiedene Möglichkeiten zur Veranschaulichung von Statistiken.

11.3.1 Kurven

Zeitliche Veränderungen einer Größe, etwa der Körpertemperatur eines Kranken an verschiedenen Tagen, trägt man in ein Gitternetz (Millimeterpapier) ein. Am unteren waagerechten Rand wird die Zeit, am linken senkrechten Rand die Temperatur angeschrieben. Zu jeder Messung gehört ein Punkt. Durch Verbinden der einzelnen Punkte erhält man die *Fieberkurve*, die mit einem Blick das Steigen oder Fallen der Körpertemperatur erkennen läßt.

Entsprechend kann man beispielsweise die Erzeugung eines Industrieproduktes im Lauf einer längeren Zeitspanne darstellen: In einem Achsenkreuz trägt man auf der waagerechten Achse die Zeit (Jahre) und auf der senkrechten Achse die erzeugten Mengen (links) bzw. die Prozentzahlen (rechts) auf (vgl. die folgende Aufgabe **129**). Zu jedem Wertepaar der Tabelle gehört ein Punkt. Die miteinander verbundenen Punkte liefern einen geknickten Linienzug (meist als „Kurve" bezeichnet), der die zeitliche Entwicklung verdeutlicht.

129 Die Übersicht zeigt die Erzeugung an Rohstahl von 1950 bis 1974 in Millionen Tonnen:

Jahr	1950	1955	1960	1962	1964	1966	1968	1970	1972	1974
Menge	14,0	24,5	34,1	32,6	37,3	35,3	41,2	45,0	43,7	53,5
Prozent	100	175	244	233	266	252	294	321	312	382

Man setze die Erzeugung von 1950 gleich 100% und berechne die Prozentwerte für die übrigen Jahre (letzte Zeile). Die zeitliche Entwicklung soll als Kurve gezeichnet werden.

1 Jahr $\hat{=}$ 3 mm; 1 Mio t $\hat{=}$ 1 mm; 100% $\hat{=}$ 42 mm.

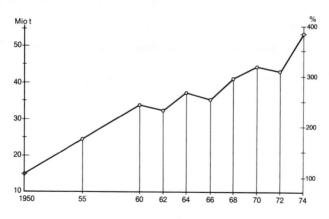

Abb. 18. Entwicklung der Erzeugung an Rohstahl

130 In einem Land leben zwei Bevölkerungsgruppen. Die Gruppe A hat $a = 3$ Millionen, die Gruppe B hat $b = 1$ Million (Mio) Einwohner. In einem Jahrzehnt hat A einen Geburtenrückgang von 5%, während B einen Geburtenüberschuß von 10% hat. Wie ist der Bevölkerungsstand nach 8 Jahrzehnten? Mit wieviel Prozent der Gesamtbevölkerung sind die beiden Gruppen nach 160 und 240 Jahren beteiligt?

Nach 1 Jahrzehnt ist der Bevölkerungsstand

in Gruppe A $(-5\%) : 0{,}95\,a$

in Gruppe B $(+10\%) : 1{,}1\;\;b$

Nach 8 Jahrzehnten ist

$$a' = 3 \cdot 0{,}95^8 = 2{,}03 \quad \text{und} \quad b' = 1{,}1^8 = 2{,}14:$$

A hat 2,03 Mio, B hat 2,14 Mio Einwohner. Das ursprüngliche Verhältnis $A : B = 3 : 1$ hat sich in 80 Jahren so verändert, daß die Gruppe B die Gruppe A bereits überflügelt hat.

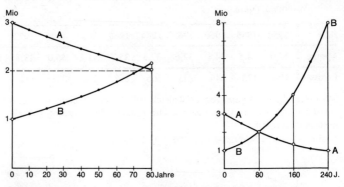

Abb. 19. Entwicklung einer aus zwei Gruppen bestehenden Bevölkerung

nach	Bevölkerungsstand (in Mio)	
	Gruppe A	Gruppe B
0 Jahren	3	1
10 Jahren	2,854	1,1
20 Jahren	2,721	1,21
30 Jahren	2,591	1,331
40 Jahren	2,453	1,464
50 Jahren	2,351	1,611
60 Jahren	2,239	1,772
70 Jahren	2,132	1,949
80 Jahren	2,030	2,144

nach	Bevölkerungsstand (in Mio)		Bevölkerungsstand (in %)	
	Gruppe A	Gruppe B	Gruppe A	Gruppe B
80 Jahren	$\frac{2}{3} a \approx 2$	$2b \approx 2$	50	50
160 Jahren	$\left(\frac{2}{3}\right)^2 a = 1{,}33$	$4b \approx 4$	25	75
240 Jahren	$\left(\frac{2}{3}\right)^3 a \approx 0{,}89$	$8b \approx 8$	10	90

Nach 160 Jahren ist das Verhältnis A : B = 1 : 3; nach 240 Jahren macht die Gruppe A nur noch rund 10% der Gesamtbevölkerung aus.

In der folgenden Aufgabe handelt es sich nicht um die Veranschaulichung einer Statistik, sondern eines naturwissenschaftlichen Sachverhaltes.

131 Der normale Luftdruck am Meeresspiegel beträgt $b_0 = 760$ Torr*. Er nimmt mit der Höhe ab, und zwar bei einer Höhenzunahme von 2,3 km jeweils um 25%:

(1) Welcher Luftdruck (b_4) herrscht auf dem Himalaja (9,2 km)?
(2) Auf wieviel Prozent ist der Druck (b_{10}) in 23 km Höhe gesunken?
(3) Zeige, daß in 53 km Höhe der Druck nur noch $b_{23} = 1$ Torr beträgt.

In 2,3 km Höhe ist der Druck auf $\frac{3}{4}$ von 760, also auf 570 Torr gesunken.

In $2 \cdot 2{,}3 = 4{,}6$ km beträgt er $\left(\frac{3}{4}\right)^2 \cdot 760 = 427{,}5$ Torr;
in $n \cdot 2{,}3$ km Höhe beträgt er

$$b_n = \left(\frac{3}{4}\right)^n \cdot 760 \text{ Torr}$$

n	Höhe (km)	$\left(\frac{3}{4}\right)^n$	b_n in Prozent von b_0	b_n (Torr)
0	0	1		760
1	2,3	0,75		570
2	4,6	0,5625		427,5
3	6,9	0,4219		320,6
4	9,2	0,3164	31,6	240,5
5	11,5	0,2373*		180,4
10	23	0,0563	5,6	42,8
20	46	0,00317		2,41
23	52,9	0,00134**	0,13	1,02

* $0{,}2373^2 = 0{,}0563$; $0{,}0563^2 = 0{,}00317$.
** $\left(\frac{3}{4}\right)^{23} = \left(\frac{3}{4}\right)^3 \cdot \left(\frac{3}{4}\right)^{20} = 0{,}4219 \cdot 0{,}00317 = 0{,}00134$.

* siehe Anhang 5.3.

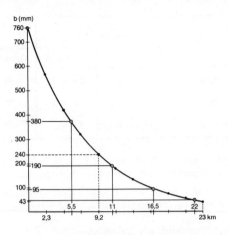

Abb. 20. Abnahme des Luftdrucks mit der Höhe

Aus der Abbildung erkennt man, daß der Luftdruck in 5,5 km Höhe auf den halben Wert gesunken ist und daß er nach jeweils weiteren 5,5 km auf die Hälfte sinkt.

Ergebnisse: Auf dem Himalaja herrscht ein Druck von 240 Torr $\left(< \frac{1}{3} \text{ des Normaldrucks}\right)$. In $4 \cdot 5{,}5 = 22$ km Höhe ist er auf $\frac{1}{16} b_o$ ($\triangleq 6{,}25\%$), in 23 km auf 5,6% gesunken. In 53 km Höhe beträgt er nur noch 1 Torr.

Ein Astronaut, der in $4 \cdot 53 = 212$ km Höhe die Erde umkreist, befindet sich praktisch im luftleeren Raum $\left(\frac{1}{16} \triangleq 0{,}06 \text{ Torr}\right)$.

11.3.2 Streifen

Wenn wir etwa die Verteilung der Schüler nach dem Wohnsitz der Eltern veranschaulichen wollen (siehe **11.1**, Beispiel 3), so bedienen wir uns der Streifendarstellung: Wir zeichnen die Gesamtzahl der Schüler (468) als 4,68 cm (oder auch doppelt so) langen Streifen, oder wir zeichnen 100% als 10 cm langen Streifen. Dann tragen wir darauf die einzelnen Schülerzahlen bzw. die Prozentwerte ab.

132 In der folgenden Tabelle sind Menge und Wert der deutschen Jahresproduktion an Seifen und Waschmitteln angegeben (Spalten II und III). Berechne die Prozentanteile (Sp. IV und V) und den Kilopreis (Sp. VI). Wieviel Kilo und wieviel DM entfallen auf den Kopf der Bevölkerung (60 Millionen)? Die Prozentanteile von Menge und Wert sollen durch 10 cm lange Streifen dargestellt werden (Abb. 21).

I Bezeichnung	II Menge 1 000 t	III Wert Mio DM	IV Menge %	V Wert %	VI Preis/kg DM
1 Seifen	154,6	580,2	10,7	18,6	3,75
2 Feinwasch- und Geschirrspülmittel	283,9	612,4	19,7	19,6	2,18
3 Waschmittel für Weiß- und Buntwäsche	508,5	1 070,7	35,2	34,3	2,11
4 Waschhilfsmittel	425,9	763,8	29,5	24,5	1,79
5 Verschiedenes	71,1	94,9	4,9	3,0	1,33
Summe	1 444	3 122	100	100	2,16

Menge: 1,444 Mrd kg;   Wert: 3,122 Mrd DM.

1 kg kostete im Durchschnitt 2,16 DM.

Auf jeden Bewohner der Bundesrepublik entfallen ≈ 24 kg im Wert von ≈ 52 DM.

Beobachtung: In 2 und 3 sind die Prozentzahlen nahezu gleich; der Preis (VI) entspricht etwa dem Gesamtdurchschnitt. In 1 ist die Prozentzahl des Wertes größer als die der Menge, da der Kilopreis (3,75) über dem Durchschnitt (2,16) liegt. In 4 und 5 ist es umgekehrt.

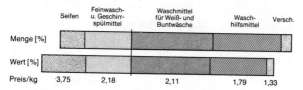

Abb. 21. Prozentuale Verteilung der deutschen Erzeugung an Seifen und Waschmitteln nach Menge und Wert.

133 Die Ernten der wichtigsten landwirtschaftlichen Erzeugnisse in der Bundesrepublik Deutschland sollen in Prozenten angegeben und auf einem 10 cm langen Streifen dargestellt werden.

Produkt	Getreide	Kartoffeln	Obst	Gemüse	Summe
Menge (Mio t)	20,24	15,05	2,17	1,29	38,75
Prozent ≙ Streifenlänge in mm	52,3	38,8	5,6	3,3	100

11.3.3 Kreis

Auch die Kreisdarstellung vermittelt einen guten Überblick der in **11.1**, Beispiel 3 besprochenen Wohnsitzverteilung, wobei der Kreishalbmesser beliebig gewählt werden kann. Der Vollkreis entspricht 360°; 1% $\triangleq$ 3,6°.

Schülerzahl	169	278	14	7	468
Grad	130	214	11	5	360

134 Bei einer Landtagswahl waren w = 3 798 000 Bürger wahlberechtigt. Davon haben a = 3 221 000 ihre Stimme abgegeben. Auf die drei großen Parteien entfielen die in Spalte 2 angeführten Stimmen. Wie hoch war die Wahlbeteiligung? Wieviel Prozent der Stimmen erhielten die einzelnen Parteien (Sp. 3)? Wieviel Sitze entfielen auf jede Partei, wenn im Landtag 110 Abgeordnete vertreten sind (Sp. 4)? Die Sitzverteilung im Parlament soll in einem Halbkreis dargestellt werden (110 Sitze $\triangleq$ 180°; Sp. 5).

1	2		3	3a	4	5
Partei	abgegebene Stimmen			für die Sitzverteilung	Zahl der Sitze	Grad
	Zahl	%		%		
A	1 524 200	47,32		48,35	53,2 ⟶ 53	87
B	1 390 000	43,15		44,10	48,5 ⟶ 49	80
C	238 300	7,40		7,55	8,3 ⟶ 8	13
	3 152 500	97,87		100	110	180
übrige	68 500	2,13		—	—	—
Summe	3 221 000	100		—	—	—

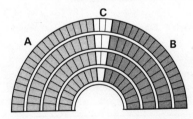

Abb. 22. Sitzverteilung in einem Landtag

Wahlbeteiligung: $\frac{100 a}{w}$ = **84,8%**. Über 15% der Bürger haben von ihrem Wahlrecht keinen Gebrauch gemacht!

Bei der Sitzverteilung bleiben die „übrigen Parteien" unberücksichtigt, da sie weniger als 5% der Stimmen erhielten. Maßgebend sind die Prozentwerte in Spalte 3a.

135 Aus der prozentualen Verteilung der Konfessionen in der Bundesrepublik (62 Mio Bewohner) ist die Zahl der den einzelnen Religionen zugehörigen Bürger zu berechnen.

Man veranschauliche die Verteilung auf einem Kreis.

Konfession	%	Anzahl in Mio	Grad
evangelisch	49	30,4	176
katholisch	45	27,9	162
übrige	6	3,7	22
Summe	100	62,0	360

136 Das sogenannte Bruttoinlandsprodukt (BIP) verteilte sich in den Jahren 1960 und 1973 auf die einzelnen Wirtschaftsbereiche wie folgt:

Bereich	Wert in Mrd DM		Prozent		Zuwachs-verhältnis	Grad	
	1960 (a)	1973 (b)	1960	1973	$b:a$	1960	1973
Land- und Forstwirtschaft	17,3	27,0	6,3	3,3	1,56	23	12
Industrie und Handwerk	164,2	485,7	59,7	58,8	2,96	215	212
Handel und Verkehr	59,2	164,6	21,5	20,0	2,78	77	72
Dienstleistungs-unternehmen	34,3	147,7	12,5	17,9	4,30	45	64
Summe	275	825	100	100	3	360	360

Während sich das BIP in 13 Jahren verdreifacht hat, liegt der Zuwachs in der Land- und Forstwirtschaft weit unter dem Durchschnitt (1,56), in den Dienstleistungsunternehmen dagegen beträchtlich über dem Durchschnitt (4,3). Man stelle die Verhältnisse für beide Jahre auf Kreisen dar; als Durchmesser wähle man etwa $a = \sqrt[2]{275} = 16,6$ cm und $b = \sqrt[2]{825} = 28,7$ cm (siehe **10.3.1**).

11.3.4 Quadrat

Flächen zeichnet man zweckmäßig als Quadrate (a^2). Die Quadratseite (a) erhalten wir, indem wir die Quadratwurzel ziehen.

137 Die Fläche der Bundesrepublik (250 000 km^2) wird wie in Spalte 2 angegeben genutzt. Berechne die Verteilung in Prozent und stelle die einzelnen Flächen als Quadrate im Maßstab 1 : 10^7 dar (Abb. 23).

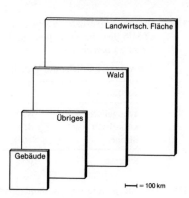

Abb. 23. Nutzung der Fläche der Bundesrepublik

⊢—⊣ = 100 km

1	2	3	4	5
Nutzung	Fläche a^2 (Mio ha)	%	$a = \sqrt{a^2}$ (cm)	Quadrat- seite (km)
Landwirtsch. Fläche	13,5	54,0	3,7	370
Wald	7,2	28,8	2,7	270
Gebäude und Höfe	1,1	4,4	1,05	105
Übriges	3,2	12,8	1,8	180
Summe	25,0*	100	5	500

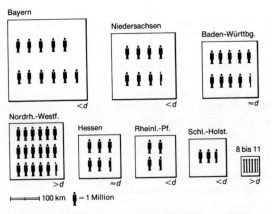

Abb. 24. Die Bundesländer und ihre Bevölkerungsdichte

---

* 1 km² = 100 ha (siehe Bd. 1); $25 \cdot 10^6$ ha = $25 \cdot 10^4$ km²; $a = 5 \cdot 10^2$ km = 500 km.

138 Die Tabelle gibt die Fläche (Spalte 2) und den gegenwärtigen Bevölkerungsstand (Sp. 3) der deutschen Bundesländer an. Man rechne in Prozent um (Sp. 4 und 5). Wie groß ist die Bevölkerungsdichte (= Bewohner auf 1 km^2) in den einzelnen Ländern und in der Bundesrepublik (Sp. 6)? Man stelle die Fläche der Länder als Quadrate im Maßstab $1 : 12 \cdot 10^6$ dar (Quadratseite a in Sp. 7).

1	2	3	4	5	6	7
Bundesland	Fläche a^2 (km^2)	Bevölkerung in 1 000	Fläche %	Bevölkerung %	Bev.-dichte	a (km)
1 Niedersachsen	47 417	7 259	19,1	11,7	132	218
2 Bayern	70 545	10 853	28,3	17,5	154	266
3 Schleswig-Holstein	15 678	2 580	6,3	4,1	158	125
4 Rheinland-Pfalz	19 835	3 701	8,0	6,0	187	140
5 Baden-Württemberg	35 751	9 239	14,4	14,9	258	189
6 Hessen	21 112	5 584	8,5	9,0	264	145
7 Nordrhein-Westfalen	34 057	17 243	13,7	27,8	506	185
8 Berlin (West)*	480 ⎫	2 048 ⎫				
9 Saarland	2 568 ⎬ 4 205	1 112 ⎬ 5 641	1,7	9,0	1 341	65
10 Hamburg	753 ⎪	1 752 ⎪				
11 Bremen	404 ⎭	729 ⎭				
Bundesrepublik	248 600	62 100	100	100	$d = 251$	—

Die Bevölkerungsdichte liegt bei den Ländern 1 bis 4 unter dem Bundesdurchschnitt ($< d$), bei den Ländern 5 und 6 entspricht sie etwa dem Bundesdurchschnitt ($\approx d$). Eine weit über dem Durchschnitt liegende Bevölkerungsdichte haben die Länder 7 bis 11 ($> d$).

Darstellung der Flächen als Quadrate. Zu 1: $a = \sqrt{47\,417} = 218$ km; im Maßstab $1 : 12 \cdot 10^6$ ist $a = \frac{218}{12} = 18$ mm.

Die Anzahl der Personenbilder (= je 1 Mio) in den Quadraten vermittelt ein anschauliches Bild der unterschiedlichen Bevölkerungsdichten.

---
* Land mit besonderem Rechtsstatus.

139 Aus der Bevölkerungszahl der großen Gebiete der Erde und deren Fläche (Spalten 2 und 3) berechne man die Bevölkerungsdichte (Sp. 4) und die Zunahme der Bevölkerung von 1950 bis 1970 (Sp. 5). Die Festlandsfläche (135,7 Mio km^2) soll als Kreis mit dem Halbmesser 10 cm dargestellt werden (Grade für 1970 in Sp. 6). Die Bevölkerungszahlen im Jahr 1970 (Sp. 2 b) zeichne man als Quadrate: Der Quadratseite $q = 1$ cm sollen 100 Mio Bewohner entsprechen.

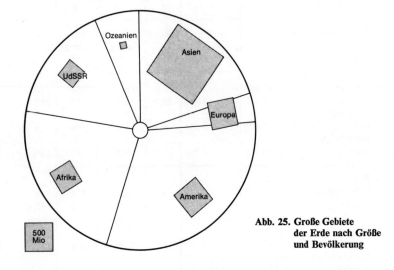

Abb. 25. Große Gebiete der Erde nach Größe und Bevölkerung

1	2		3	4	5	6	7
Große Gebiete der Erde	Bevölkerung (in Mio)		Fläche (Mio km^2)	Bev.-dichte (1970)	Zuwachs-verhältnis	Grad	q (cm)
	1950 (a)	1970 (b)			$b:a$		
Asien	1 355	2 056	27,5	75	1,51	73	4,53
Europa	392	462	4,9	94	1,18	13	2,11
Amerika	328	511	42,1	12	1,55	112	2,26
Afrika	217	344	30,3	11	1,55	80	1,86
UdSSR	180	243	22,4	11	1,33	59	1,56
Ozeanien	13	19	8,5	2	1,46	23	0,44
Summe	2 485	3 635	135,7	27	1,46	360	—

Die größte Bevölkerungsdichte haben Europa und Asien. Europa liegt mit einer relativen Zunahme von 1,18 in 20 Jahren weit unter dem Weltdurchschnitt von 1,46. — Bei gleichbleibender Entwicklung würde die Weltbevölkerung in weiteren 20 Jahren auf $3{,}635 \cdot 1{,}46 \approx 5{,}3$ Milliarden gestiegen sein.

Die Bevölkerung von Asien in 1970 ist $20{,}56 \cdot 10^8$. Die Quadratseite q erhalten wir aus $q = \sqrt[2]{20{,}56} = 4{,}53$ cm (Sp. 7).

11.3.5 Quader oder Würfel

Schließlich kann man die Darstellung durch einen Quader oder einen Würfel wählen, wenn es sich um erzeugte oder verbrauchte Mengen handelt.

140 Die Tabelle zeigt den Energieverbrauch der Bundesrepublik in den Jahren 1962 und 1972 (in Mio Tonnen Steinkohle-Einheiten = SKE*). Man berechne die prozentuale Verteilung für die einzelnen Energiearten und stelle die Mengen aus Sp. 2 als Quader** mit der Grundfläche $a^2 = 5^2 = 25$ cm^2 dar. (Die zugehörigen Höhen h sind in Sp. 5 angegeben).

1	2		3		4	5	
Energieart	Menge in Mio t SKE		Prozent		Zuwachs-verhältnis	Quaderhöhe (cm)	
	1962	1972	1962 a	1972 b	$b:a$	1962	1972
Kohle	155,8	114,3	67,3	32,2	0,47	6,23	4,57
Mineralöl	66,7	196,4	28,8	55,5	1,93	2,67	7,86
Wasserkraft ⎫ Kernenergie ⎬ Erdgas u. a. ⎭	8,8	43,5	3,9	12,3	3,15	0,35	1,74
Summe	231,3	354,2	100	100	—	—	—
davon: Bundesrepublik	159,4	139,5	68,9	39,4	0,57	6,37	5,58
Einfuhr	71,9	214,7	**31,1**	**60,6**	1,95	2,88	8,59

In 10 Jahren hat sich der prozentuale Anteil der Kohle auf weniger als die Hälfte vermindert, der des Mineralöls fast verdoppelt. Die Einfuhr ist von 31% auf 61% gestiegen.

---
* Des Vergleichs wegen werden die verschiedenen Energiearten auf Grund ihres Heizwertes in SKE umgerechnet.
** Volumen des Quaders $= a^2 \cdot h$ (siehe Bd. 1). Höhe des Quaders bei Kohle: $155{,}8 : 25 = 6{,}23$ bzw. $114{,}3 : 25 = 4{,}57$.

141 Die Erzeugung von Chemiefasern hatte in den Jahren der Spalte 1 die in Spalte 2 angeführten Werte. Auf wieviel Prozent ist sie in den Jahren 1960 und 1972 im Vergleich zu 1950 gestiegen? Die Mengen sollen als Würfel gezeichnet werden. — Zu 1972: $\sqrt[3]{800} = 9{,}3$ oder $\sqrt[3]{500} = 7{,}9$.

1	2	3	4	5
Jahr	Menge (a^3) in Mio kg	%	a aus Sp. 2	a aus Sp. 3
1950	160	100	5,4	4,6
1960	280	175	6,5	5,6
1972	800	500	9,3	7,9

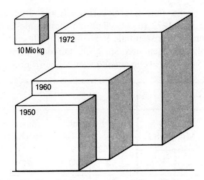

Abb. 26. Entwicklung der Chemiefaser-Erzeugung

142 Die Erdölförderung der Bundesrepublik im Jahr 1974 (6,2 Mio t) verteilte sich auf die einzelnen Gebiete wie folgt:

	Gebiet	Menge in 1000 t	% (a^3)	a^3	a	a genau
1	Weser-Ems	1 740	28,1	> 27	> 3	3,04
2	Emsland	1 720	27,7	> 27	> 3	3,03
3	Hannover	1 700	27,4	> 27	> 3	3,02
4	Schleswig-Holstein	550	8,9	> 8	> 2	2,07
5	Süddeutschland	490	7,9	≈ 8	≈ 2	1,99
	Summe	6 200	100	—	—	—

Die Prozentwerte für die einzelnen Gebiete sollen räumlich als Öltanks mit quadratischem Querschnitt gezeichnet werden.

In 1 müssen wir zu $a^3 = 28{,}1 > 27$ die Grundzahl $a > 3$ finden. Die genauen a-Werte sind in der letzten Spalte angegeben.

143 Auf wieviel Prozent ist der Verbrauch an Eisenerz in 20 Jahren gestiegen, wenn die Zahl für 1950 gleich 100% gesetzt wird? Die Zahlen in Spalte 2 (a^3) sollen als Würfel gezeichnet werden. Würfelkante a in Sp. 4.

1	2	3	4
Jahr	Verbrauch (a^3) in Mio t	Prozent	Würfelkante a (cm)
1950	6,73	100	1,9
1960	19,88	295	2,7
1970	27,65	411	3,0

In 20 Jahren ist der Eisenerzverbrauch auf mehr als das Vierfache gestiegen.

12 Näherungsrechnung

12.1 Beispiel

Du hast die Länge und Breite eines Zimmers zu 5 m und 4 m gemessen. Die Fläche (F) des Zimmers ist dann 20 m². Zur Messung hast du ein Bandmaß von 2 m Länge benutzt. Durch das mehrmalige Anlegen des Bandmaßes ist es möglich, daß du bei den beiden Messungen jeweils 2 cm zu viel oder zu wenig gemessen hast. Du würdest dann sagen: Ich habe Länge und Breite auf 2 cm genau gemessen; oder: Der Meßfehler beträgt 2 cm.

Man schreibt: Länge $a = 5$ m $\pm$ 2 cm; Breite $b = 4$ m $\pm$ 2 cm

(gelesen: 5 m plus oder minus 2 cm)

(1) Wenn du jedesmal 2 cm zu viel gemessen hast, also $a = 5,02$ m, $b = 4,02$ m, so ist
$$F = 20{,}18_{04} \text{ m}^2.$$
Man erhält eine um 18 dm² größere Fläche.

(2) Hast du jedesmal 2 cm zu wenig gemessen, so ergibt sich
$$F = 4{,}98 \cdot 3{,}98 = 19{,}82_{04} \text{ m}^2.$$
Die Fläche erscheint dann um 18 dm² kleiner.

Man schreibt deshalb: **$F = 20$ m² $\pm$ 18 dm²**,
und drückt dadurch aus, daß infolge der begrenzten Meßgenauigkeit die Fläche mit einem Fehler von 18 dm² behaftet sein kann.

(3) Wenn du einmal zu viel und einmal zu wenig gemessen hättest, so ist

$F = 5{,}02 \cdot 3{,}98 = 19{,}9796$ bzw. $F = 4{,}98 \cdot 4{,}02 = 20{,}0196$
$F = 19{,}98$ m² bzw. $F = 20{,}02$ m².

Die Fläche ist dann nur 2 dm² kleiner oder größer, d.h. die beiden Fehler gleichen sich nahezu aus.

Der Fehler, der in einem Ergebnis (hier die Zimmerfläche) stecken kann, läßt sich mit Hilfe der Prozentrechnung viel schneller ermitteln.

Messung: $a = 5$ m; $b = 4$ m; Meßgenauigkeit 2 cm.

Bei 500 cm —— 2 cm   Bei 400 cm —— 2 cm
bei 100 cm —— 0,4 cm   bei 100 cm —— 0,5 cm
Fehler $= 0,4\%$ Fehler $= 0,5\%$

Bei 20 m² Fläche —— 0,18 m²
bei 100 m² Fläche —— 0,9 m²
Fehler $= 0,9\%$

$0,4\% + 0,5\% = 0,9\%$
Meßfehler   Gesamtfehler

Hiernach muß man die Fehlerprozente bei den Messungen *addieren*, um den Prozentfehler bei der Fläche zu erhalten.*

12.2 Aufgaben

144 Mit welchem Fehler kann die Fläche eines Gartens behaftet sein, wenn Länge (24,70 m) und Breite (16,40 m) auf 5 cm genau gemessen wurden?

Messung: $a = 24{,}70 \pm 0{,}05$ m; $b = 16{,}40 \pm 0{,}05$ m
$F = 24{,}7 \cdot 16{,}4 = 405{,}08$ m² ≈ 405 m²

Bei 247 dm —— 0,5 dm   Bei 164 dm —— 0,5 dm
bei 100 dm —— 0,2 dm   bei 100 dm —— 0,3 dm

Gesamtfehler: $0{,}2 + 0{,}3 = 0{,}5\%$

$0{,}5\%$ von 405 m² sind 2 m², also

$$F = 405 \pm 2 \text{ m}^2$$

145 Ein Quader (Streichholzschachtel) mit den Kanten 57 mm, 36 mm und 16 mm wurde auf $\frac{1}{2}$ mm genau gemessen. Welchem Fehler kann das Volumen (V) enthalten?

$V = 32{,}832$ cm³

Gesamtfehler: $0{,}9 + 1{,}4 + 3{,}1 = 5{,}4\% \,\hat{=}\, 1{,}8$ cm³

$$V = 32{,}8 \pm 1{,}8 \text{ cm}^3 = \begin{cases} 34{,}6 \text{ cm}^3 \\ 31{,}0 \text{ cm}^3 \end{cases}$$

Bemerkung: Es hat also keinen Sinn, das Volumen auf 3 Dezimalstellen „genau" angeben zu wollen, wenn schon die Einer unsicher sind.

146 Die Kante eines Würfels wurde zu 6,3 cm mit $\frac{1}{2}$ mm Genauigkeit gemessen.

$$V = 6{,}3^3 = 250{,}047 \text{ cm}^3$$

Meßfehler $= 0{,}8\%$; Gesamtfehler $= 2{,}4\% \,\hat{=}\, 6$ cm³

$$V = 250 \pm 6 \text{ cm}^3$$

---

* Der Beweis für diese merkwürdige Tatsache kann erst in der Algebra (Bd. 22) erbracht werden.

147 Wie ändert sich der Prozentfehler bei der doppelten Würfelkante (12,6 cm) bei gleicher Meßgenauigkeit?

$$V = 2\,000 \text{ cm}^3$$

Meßfehler = 0,4%; Gesamtfehler = 1,2% $\triangleq$ 24 cm³

$$V = 2\,000 \pm 24 \text{ cm}^3$$

Bei der doppelten Würfelkante ist der Prozentfehler nur halb so groß.

148 Die Kante eines Aluminiumwürfels von 4,7 cm wurde auf $\frac{1}{2}$ mm genau gemessen. Das Gewicht des Würfels betrug 306 g bei einem Wägefehler von 1 g. Wie genau kann die Dichte (ϱ) des Aluminiums angegeben werden?

$$V = 4{,}7^3 = 113{,}4 \text{ cm}^3; \qquad \varrho = \frac{306}{113{,}4} = 2{,}70$$

Meßfehler = 3%; Wägefehler = $\frac{1}{3}$%; Gesamtfehler = $3\frac{1}{3}$%

$3\frac{1}{3}$% von 2,7 sind 0,09, also

$$\varrho = 2{,}70 \pm 0{,}09 = \begin{cases} 2{,}79 \\ 2{,}61 \end{cases}$$

Der größere (kleinere) Wert ergibt sich, wenn das Gewicht zu groß (klein) und das Volumen zu klein (groß) gemessen wurde:

$$307 : 110 = 2{,}79; \qquad 305 : 116{,}8 = 2{,}61.$$

Auch beim *Abschätzen* von Rechenergebnissen leistet die Prozentrechnung gute Dienste.

149 Was kosten 4,12 m Band, das Meter zu 3,15 DM? Die rohe Schätzung (4 m zu 3 DM) ergibt 12 DM als Preis für das Band.

Bei 400 cm —— 12 cm Fehler $\triangleq$ 3%⎫
bei 300 Pf —— 15 Pf Fehler $\triangleq$ 5%⎬ 8%

8% von 12 DM sind 0,96 DM, also

$$\text{Preis} \approx \mathbf{12{,}96 \text{ DM}} \text{ (genau 12,98 DM)}$$

150 Wieviel Quadratmeter hat ein Zimmer von 4,88 m Länge und 3,57 m Breite?

Schätzung: $5 \cdot 3{,}50 = 17{,}50 \text{ m}^2$

Bei 500 cm —— -12 cm $\triangleq -2{,}4\%*$⎫
bei 350 cm —— $+ 7$ cm $\triangleq +2$ %⎬ $-0{,}4\%$

$-0{,}4\%$ von 17,5 sind $-0{,}07$, also

$$\text{Fläche} \approx \mathbf{17{,}43 \text{ m}^2} \text{ (genau 17,42 m}^2\text{)}$$

---

* $-2{,}4\%$ bedeutet, daß der wirkliche Wert um 2,4% kleiner ist;
$+2\%$ bedeutet, daß er um 2% größer ist als der geschätzte Wert.

151 Die Daten für einen Quader aus Kupfer sind in Zeile 1 eingetragen. Man schätze das Gewicht (G).

1	$a = 41{,}2$ cm	$b = 29{,}3$ cm	$c = 16{,}2$ cm	$\varrho = 8{,}9$ g/cm³	$G = \square$
2	$a \approx 40$ cm	$b \approx 30$ cm	$c \approx 16$ cm	$\varrho \approx 9$ g/cm³	$G = 172{,}8$ kg
3	$+\ 1{,}2$ cm	$-\ 0{,}7$ cm	$+\ 0{,}2$ cm	$-\ 0{,}1$ g/cm³	—
4	$+\ 2{,}91\%$	$-\ 2{,}39\%$	$+\ 1{,}23\%$	$-\ 1{,}11\%$	$+\ 0{,}64\%$

0,64 % von 172,8 sind 1,1, also

$$G = 173{,}9 \approx \mathbf{174\ kg}$$

Der genaue Wert (174,048 kg) ist nur um 48 g größer.

13 Steuerberechnung

Jeder Bürger muß Steuern bezahlen, die der Staat und die Kirchen zur Erfüllung ihrer vielfältigen Aufgaben verwenden. Die Lohn- und Einkommensteuer richtet sich nach dem Verdienst und nach dem Familienstand (ledig, verheiratet, Kinderzahl usw.); sie wird in Prozent berechnet. Die Kirchensteuer beträgt im allgemeinen 9 % der Lohn- oder Einkommensteuer. Aus käuflichen Tabellen kann man die Steuerbeträge für jeden besonderen Fall entnehmen.

152 Herr Klein hat ein monatliches Bruttoeinkommen von 1 340 DM. Er muß 11,5 % Lohnsteuer und davon 9 % Kirchensteuer bezahlen. Wie hoch ist sein Nettoeinkommen?

Lohnsteuer:	$11{,}5 \cdot 13{,}4 = 154{,}10$ DM
Kirchensteuer:	$9 \cdot 1{,}541\ \ = \ \ 13{,}87$ DM
Steuern:	$167{,}97$ DM
Nettoeinkommen:	**1 172,03 DM**

153 Der monatliche Verdienst von Herrn Groß ist 1 425 DM. Nach Abzug der Steuern erhält er 1 235,50 DM. Wieviel DM Steuern bezahlt Herr Groß? Wieviel Prozent entfallen auf die Einkommensteuer?

Einkommen- + Kirchensteuer = $1\,425 - 1\,235{,}50 = \mathbf{189{,}50\ DM}$.
Dieser Betrag entspricht 109 %.

Einkommensteuer (100 %) $= \dfrac{18\,950}{109} = 173{,}85$ DM,

also Kirchensteuer $= 15{,}65$ DM.

Prozentwert der Einkommensteuer $= \dfrac{173{,}85}{14{,}25} = \mathbf{12{,}2\,\%}$

Probe: 9 % von 12,2 % sind $\approx 1{,}1$ %. Die Steuern betragen insgesamt 13,3 %, das ergibt von 1 425 DM einen Steuerbetrag von 189,53 DM (wie oben).

154 Herr Meier hat bei einem monatlichen Bruttoverdienst von 1 923,44 DM einen steuerfreien Betrag von 200 DM. Berechne den Nettoverdienst bei einem Einkommensteuersatz von 12,5%. Auf wieviel Prozent (x) vermindert sich dieser Satz durch den einkommensteuerfreien Betrag?

		ohne steuerfreien Betrag	Differenz:
Brutto:	1 923,44 DM		
steuerfrei:	200,00 DM		
zu versteuern:	1 723,44 DM	1 923,44 DM	
Einkommensteuer:	215,43 DM	240,43 DM	25,00 DM
Kirchensteuer:	19,39 DM	21,64 DM	2,25 DM
Steuern:	234,82 DM	262,07 DM	27,25 DM
Netto:	**1 688,62 DM**	1 661,37 DM	27,25 DM

240,43 DM Einkommensteuer entsprechen 12,5%
215,43 DM Einkommensteuer entsprechen x %

$$x = 11,2\%$$

Durch den einkommensteuerfreien Betrag vermindert sich der Steuersatz auf 11,2%, also um 1,3%.

Probe: 1,3% von 1 923,44 DM sind 25 DM (siehe obige Differenz).

155 Höherer Bruttoverdienst —— geringerer Nettobetrag!
Liegt hier vielleicht ein umgekehrtes Verhältnis vor?

Bei höheren Einkommen steigert sich der Steuersatz mehr und mehr; man spricht von der Steuer-Progression. — *Beispiel:*

Bei Einkommen bis zu 4 000 DM beträgt der Steuersatz 15%;
bei Einkommen über 4 000 DM beträgt der Steuersatz 16%.

Wie die nebenstehende Berechnung zeigt, erhöht sich bei einem um 10 DM höheren Einkommen die Steuer um 41,60 DM, so daß das Nettoeinkommen um 31,60 DM niedriger ist. Erst bei einem um 50 DM höheren Einkommen bleibt ein Nettoüberschuß von ganzen 2 DM!

Einkommen	Einkommensteuer	Unterschied
4 000 DM	600	—
4 010 DM	641,60	− 31,60
4 020 DM	643,20	− 23,20
4 030 DM	644,80	− 14,80
4 040 DM	646,40	− 6,40
4 050 DM	648,00	+ 2,00
4 100 DM	656,00	+ 44
4 500 DM	720,00	+ 380

156 Das Einkommen (4 000 DM) eines Beamten wird um 12,5% erhöht. Wieviel Prozent macht die wirkliche Erhöhung infolge der Progression aus? (Vgl. Aufgabe **155**)

Die Gehaltserhöhung beträgt 500 DM. Die Steuer von 4 500 DM beträgt 720 DM. Bei 500 DM Mehrverdienst müssen 120 DM mehr Steuern bezahlt werden, so daß ein Plus von nur 380 DM zu verzeichnen ist, und das sind 9,5% von 4 000 DM.

Durch die Progression vermindert sich die Gehaltserhöhung von 12,5% auf 9,5%.

157 Eine Autoreparatur kostete 348,50 DM. Was mußte der Kunde bezahlen, wenn 11% Mehrwertsteuer berechnet werden?
11% sind 34,85 + 3,49 = 38,34 DM
oder 348,5 · 0,11 = 38,33$_5$ = 38,34 DM*.
Die Rechnung lautete auf **386,84 DM**.
Berechnung in **einem** Schritt: 348,5 · 1,11** = 386,83$_5$.

158 Die Stromrechnung für einen Haushalt betrug einschließlich Mehrwertsteuer 153,92 DM. Wieviel DM entfallen auf die Mehrwertsteuer?
153,92 : 1,11 = 138,67 DM für Strom,
    also   15,25 DM für Mehrwertsteuer.

14 Gewinn- und Gewichtsrechnung

14.1 Begriffe

Ein Kaufmann hat in der Fabrik
für 1 439 DM eingekauft: Einkaufspreis (e)   = 1 439 DM
Seine Unkosten für Gehälter, Löhne,
Steuern usw. beliefen sich auf 274 DM: Unkosten (u)   =   274 DM
Mithin betrug der   Selbstkostenpreis (s) = 1 713 DM
Er verkaufte die Ware für 2 193 DM: Warenpreis (w) = 2 193 DM
Er hatte 480 DM Gewinn: Gewinn (g)   =   480 DM

Im Geschäftsleben pflegt man Gewinn (g), Verlust (v) und Unkosten (u) in Prozent des Selbstkostenpreises (s) anzugeben:

Der Selbstkostenpreis ist der Grundwert.
Gewinn, Verlust und Unkosten sind der Prozentwert.

Es ist $e + u = s$ $s + g = w$ $s - v = w$

Beispiel: Wieviel Prozent Unkosten und Gewinn hatte der Kaufmann in dem obigen Fall?

Bei $s = 1\,713$ DM —— $u = 274$ DM   Bei $s = 1\,713$ DM —— $g = 480$ DM
bei $s = 100$ DM —— $u = 16$ DM   bei $s = 100$ DM —— $g = 28$ DM
Er hatte 16% Unkosten.   Sein Gewinn betrug 28%.

14.2 Gewinnrechnung

159 In den folgenden Aufgaben sind die beiden fettgedruckten Werte gegeben. Die beiden anderen sind zu berechnen.

---
* mit „Brückenmuster" (Bd. 1)
** mit „Treppenmuster" (Bd. 1)

Nr.	Selbstkosten- preis (*s*) DM	Gewinn- prozente %	Gewinn (*g*) DM	Warenpreis (*w*) DM
1	**76,50**	**18**	13,77	90,27
2	**25,00**	24	**6,00**	31,00
3	**37,50**	32	12,00	**49,50**
4	40,00	35	**14,00**	**54,00**
5	30,00	**42**	**12,60**	42,60
6	60,00	**35**	21,00	**81,00**
	269,00	*x*	79,37	348,37

Zu 6. $w = s + g = 100 + 35 = 135\% \triangleq 81$ DM
$100\% \triangleq 60$ DM $(= s)$

Durchschnittlicher Gewinn $x = \dfrac{7937}{269} = 29,5\%$.

160 Eine Geheimschrift. Das Geschäftshaus Hofmann hat auf den Preisschildern außer dem Verkaufspreis (Zeile 1) noch den verschlüsselten Einkaufspreis vermerkt:

(1)	(2)	(3)	(4)
RNFN 39,60	GOM 4,95	NFNM 85,50	OTUN 32,50

(5)	(6)	(7)	(8)
TNMM 138,–	LTNM 108,–	ULM 11,85	LEM 9,85

Die 10 Buchstaben des Schlüsselwortes bedeuten die Ziffern von 0 bis 9.

Versuche, aus den 8 Preisschildern das Schlüsselwort zu finden unter der Annahme, daß das Geschäft mit einem durchschnittlichen Gewinn von 50% (bezogen auf den ungefähren Einkaufspreis) arbeitet (Zeile 2). Gib nach der Entschlüsselung der Buchstaben die wirklichen Einkaufspreise (Zeile 3) und in jedem Fall den Gewinn (Zeile 4) und die Gewinnprozente an (Zeile 5).

	Nr.	(1)	(2)	(3)	(4)	(5)	(6)	(7)	(8)
Zeile 1	Verkaufs- preis	39,60	4,95	85,50	32,50	138,—	108,—	11,85	9,85
Zeile 2	ungefährer Einkaufs- preis	26,40	3,30	57,00	21,60	92,—	72,—	7,90	6,60

Aus (1): $R = 2$; aus (2): $G = 3$; aus (3): $N = 5$; die Endziffern (N und M) bedeuten 0 oder 5, also $M = 0$; aus (4): $O = 2$ scheidet wegen $R = 2$ aus, also $O = 1$; aus (5): $T = 9$; aus (7): $U = 7$; aus (8): $L = 6$. Es fehlt noch die Bedeutung von E und F.

```
0   1   2   3   4   5   6   7   8   9
M   O   R   G   *   N   L   U   *   T
```

Offenbar ist also $E = 4$ und $F = 8$.

Das Schlüsselwort heißt $M\,O\,R\,G\,E\,N\,L\,U\,F\,T$.

Nr.		(1)	(2)	(3)	(4)	(5)	(6)	(7)	(8)
Zeile 1	Verkaufspreis	39,60	4,95	85,50	32,50	138,—	108,—	11,85	9,85
Zeile 3	wirklicher Einkaufspreis	25,85	3,10	58,50	19,75	95,—	69,50	7,60	6,40
Zeile 4	Gewinn	13,75	1,85	27,00	12,75	43,—	38,50	4,25	3,45
Zeile 5	Gewinn (%)	53	60	46	65	45	55	56	54

14.3 Verlustrechnung

161	Selbstkostenpreis (s) DM	Verlustprozente %	Verlust (v) DM	Warenpreis (w) DM
	55	**6**	3,30	51,70
	125	**14**	**17,50**	107,50
	200	$6\frac{1}{2}$	**13,00**	187,00
	50	15	**7,50**	**42,50**
	160	$8\frac{1}{2}$	13,60	**146,40**
	188	**$12\frac{1}{2}$**	23,50	**164,50**
	778	x	78,40	699,60

Durchschnittlicher Verlust $x = \frac{7840}{778} = 10{,}1\,\%$.

14.4 Unkostenrechnung

162

Einkaufs- preis (e) DM	Unkosten- prozente %	Unkosten (u) DM	Selbstkosten- preis (s) DM
120,—	**$12\frac{1}{2}$**	**15,00**	135,00
245,—	21,6	**53,00**	298,00
262,—	**17**	44,50	**306,50**
670,—	18,2	122,00	**792,00**
266,80	**7,8**	20,80	287,60
166,—	13	**21,60**	**187,60**

14.5 Gewichtsrechnung

Beispiel. Eine Packung Seifenpulver wiegt 548 g, die leere Packung 48 g. Die Packung enthält 500 g Seifenpulver.

Man nennt

das Gewicht der Ware + Verpackung das Bruttogewicht (b)   548 g

das Gewicht der Verpackung die Tara (t)   48 g

das Gewicht der Ware das Nettogewicht (n)   500 g

$$b - t = n$$

Im Geschäftsleben gibt man die Tara in Prozent des Bruttogewichtes an:

Das Bruttogewicht ist der Grundwert.
Die Tara ist der Prozentwert.

163 In den nachstehenden Aufgaben sind die fettgedruckten Größen gegeben. Mache zu jeder Aufgabe einen Überschlag.

Brutto- gewicht (b) kg	Tara (t) in Prozent von b %	Tara (t) kg	Netto- gewicht (n) kg	Überschlag
27,8	**42**	11,68	16,12	$t \approx 0{,}4 \cdot 28 = 11{,}2$
4,85	$17\frac{1}{2}$	**0,85**	4,00	$t \approx \frac{1}{6} b;\quad p \approx 17\%$
85,53	24	20,53	**65,00**	$t \approx 20 \text{ kg} \approx \frac{1}{4} b;\quad p \approx 25\%$
42,68	**41,4**	**17,68**	25,00	$t \approx 40\% \approx 18 \text{ kg};\ b \approx 45 \text{ kg}$
32,3	**32**	10,3	**22,00**	$n = 68\% = 22 \text{ kg};\ b \approx 33 \text{ kg}$
78	23	**18**	60,00	$b = 78 \text{ kg};\quad \frac{18}{78} < 25\%$

164 Beachte in den folgenden Aufgaben, daß der Prozentsatz ein Teiler von 100 ist.

b kg	p %	t kg	n kg	Beachte:
51	$16\frac{2}{3}$	8,5	**42,5**	$t = \frac{1}{6}b = 8,5$
22,5	20	**4,5**	18	$t = \frac{1}{5}b$
6	$12\frac{1}{2}$	0,75	**5,25**	$b = 6;\quad t = \frac{1}{8}b$
7,5	$33\frac{1}{3}$	2,5	**5,0**	$n = \frac{2}{3}b$
90	$8\frac{1}{3}$	7,5	82,5	$b = 12\,t$
4,8	25	1,2	3,6	$t = \frac{1}{4}b$
181,8	x	24,95	156,85	

Durchschnittliche Tara $x = \frac{2\,495}{181,8} = 13,7\%$

15 Zinsrechnung

Beispiel. Herr Müller bringt 500 DM auf die Sparkasse, die 6% Zinsen gibt. Nach 4 Jahren hebt er das Geld wieder ab. Die Sparkasse zahlt ihm 620 DM aus, weil die 500 DM bei 6% in 4 Jahren 120 DM Zinsen gebracht haben.

Bemerkung: In der Praxis verzinsen die Sparkassen nur bis zum Jahresende. Hebt der Sparer die Zinsen am Jahresende nicht ab, so bringen die Zinsen auch noch Zinsen. Auf die „Zinseszinsrechnung" werden wir in **19.4.2** und **19.4.4** kurz eingehen. – Näheres in Bd. 23 (Algebra II).

Im vorstehenden Beispiel würde der Sparer etwas mehr als 120 DM bekommen, nämlich 131 DM.

15.1 Begriffe

Die Zinsrechnung ist eine Prozentrechnung mit Berücksichtigung der Zeit.

Das Geld, das man auf die Sparkasse bringt, heißt **Kapital** (k). Das Kapital ist der Grundwert.

Der Prozentsatz, zu dem die Sparkasse das Kapital verzinst, wird **Zinsfuß** (p) genannt.

Der Prozentwert sind die **Zinsen** (z).

Die Sparkasse gibt 6% Zinsen heißt:

Die jährlichen Zinsen von 100 DM betragen 6 DM;

oder: 100 DM Kapital bringen in 1 Jahr 6 DM Zinsen.

15.2 Die Zinsen werden gesucht

15.2.1 Zinsen in a Jahren*

Die Zinsen in a Jahren werden aus den jährlichen Zinsen berechnet.

165 Berechne die Zinsen für die nachstehenden Kapitalien.

Kapital (k) DM	Zinsfuß (p) %	Jahre (a)	jährliche Zinsen DM	Zinsen (z) in a Jahren DM
600	5	3	30	90
800	6	5	48	240
200	$5\frac{1}{2}$	4	11	44
240	$6\frac{1}{2}$	5	15,60	78
1 200	$6\frac{2}{3}$	$3\frac{1}{2}$	80	280
400	$7\frac{1}{2}$	$2\frac{1}{2}$	30	75

166 Für die folgenden Kapitalien sind die Zinsen zu berechnen. Beachte die sich bietenden Vorteile, wenn du bei der Berechnung der jährlichen Zinsen die Produkte *nicht* ausmultiplizierst.

k DM	p %	a Jahre	Zinsen (z) DM		
625	$6\frac{1}{2}$	4	$6,25 \cdot 6\frac{1}{2} \cdot 4$	$= 25 \cdot 6\frac{1}{2}$	$= 162,50$
240	$4\frac{1}{3}$	6	$2,4 \cdot 4\frac{1}{3} \cdot 6$	$= 2,4 \cdot 26$	$= 62,40$
360	$6\frac{1}{4}$	4	$3,6 \cdot 6\frac{1}{4} \cdot 4$	$= 3,6 \cdot 25$	$= 90,00$
280	$5\frac{1}{2}$	$3\frac{1}{2}$	$2,8 \cdot \frac{11}{2} \cdot \frac{7}{2}$	$= 0,7 \cdot 77$	$= 53,90$

167 Wieviel Zinsen bringen die folgenden Kapitalien? Schätze zuvor die Zinsen. Vor der Ausrechnung der Produkte ist zu kürzen.

k DM	p %	a Jahre	Schätzung der Zinsen	z DM
640	$5\frac{1}{2}$	$2\frac{1}{2}$	$6 \cdot 6 \cdot 2\frac{1}{2} = 90$	88,00
160	$6\frac{1}{4}$	5	$1,6 \cdot 6 \cdot 5 = 48$	50,00
360	$4\frac{1}{6}$	$\frac{3}{4}$	$3,6 \cdot 4 \cdot \frac{3}{4} = 10,8$	11,25
480	$5\frac{3}{4}$	$1\frac{1}{2}$	$5 \cdot 6 \cdot 1\frac{1}{2} = 45$	41,40

* Die Zahl der Jahre wird mit a bezeichnet, von lat. annus, *franz.* an bzw. année.

168 In den folgenden Aufgaben ist der Zinsfuß (p) ein Bruchteil von 100.

k DM	p %	a Jahre	$\frac{p}{100}$	jährliche Zinsen DM	z DM
320	5	5	$\frac{1}{20}$	16	80
550	$6\frac{2}{3}$	3	$\frac{1}{15}$	$\frac{110}{3}$	110
420	$6\frac{1}{4}$	4	$\frac{1}{16}$	$\frac{105}{4}$	105
648	$4\frac{1}{6}$	8	$\frac{1}{24}$	27	216

Vereinfachung: Die Aufgaben können auch ohne Berechnung der jährlichen Zinsen gelöst werden.

Zur ersten Aufgabe: 5 ist der 20. Teil von 100, also sind die jährlichen Zinsen $=\frac{k}{20}$; die Zinsen in 5 Jahren sind $\frac{k}{20} \cdot 5 = \frac{k}{4}$. Dividiert man das Kapital durch 4, so erhält man die Zinsen in *einem* Rechengang.

In den übrigen Aufgaben muß man das Kapital durch 5 bzw. 4 bzw. 3 dividieren.

169 Die Zinsen sollen vor der Berechnung geschätzt werden.

k (DM)	p (%)	a (Jahre)	Schätzung der Zinsen	z (DM)
123,45	$4\frac{1}{6}$	$3\frac{1}{2}$	$1{,}25 \cdot 4 \cdot 3 =\ 15$	18,00
678,90	$6\frac{1}{4}$	$2\frac{1}{4}$	$7 \cdot 6 \cdot 2 =\ 84$	95,47
987,65	$6\frac{2}{3}$	$4\frac{1}{3}$	$10 \cdot 7 \cdot 4 = 280$	285,32
432,10	$8\frac{1}{3}$	$1\frac{3}{4}$	$4 \cdot 8 \cdot 2 =\ 64$	63,02

170 Ist es in den folgenden Aufgaben vorteilhafter, die gemischten Zahlen (p und a) einzurichten oder sie in Dezimalbrüche zu verwandeln?

Nr.	k (DM)	p (%)	a (Jahre)	z (DM)
1	435	$5\frac{3}{5}$	$3\frac{3}{4}$	91,35
2	676	$5\frac{1}{4}$	$2\frac{1}{2}$	88,73
3	753	$5\frac{1}{3}$	$3\frac{1}{2}$	140,56
4	850	$6\frac{2}{3}$	$2\frac{1}{4}$	127,50

Bemerkungen:

Zu 1. $4{,}35 \cdot 5{,}6 \cdot 3{,}75$

oder $\dfrac{4{,}35 \cdot 28 \cdot 15}{5 \cdot 4} = 4{,}35 \cdot 21 = 91{,}35$

Das Einrichten der gemischten Zahlen ist vorteilhafter.

```
       435*
      · 375
   163 125 · 56
    815 625
     97 875
    ────────
     913 5
```

Zu 3. Hier *muß* man einrichten, da der Nenner 3 einen periodischen Dezimalbruch liefert (siehe Bd. 2).

171 Wie könnte man die Summe von Kapital + Zinsen nach 1 Jahr in *einem* Schritt berechnen?

Es sei $k = 820$ DM; $p = 6\%$.

Da 1 DM in 1 Jahr bei 6% auf 1,06 DM anwächst, so wächst das Kapital k auf den Betrag

$$1{,}06 \cdot k$$

an. Man erhält also den Jahresendbetrag, indem man das Kapital mit 1,06 multipliziert:

$$k + z = 820 \cdot 1{,}06 = \mathbf{869{,}20\ DM}$$

172 Wie groß ist das Kapital, das bei 7% in 1 Jahr auf 722 DM angewachsen ist?

Man muß den Endbetrag durch 1,07 dividieren und erhält

$$k = 674{,}77\ \text{DM} \approx \mathbf{675\ DM}$$

Probe: 675 DM bringen bei 7% jährlich

```
         47,25 DM Zinsen
       + 675,00 DM Kapital
       ──────────
         722,25 DM
```

15.2.2 Zinsen in m Monaten

173 Berechne die Zinsen von $k = 288$ DM bei $p = 6\%$ in $m = 7$ Monaten.

Jährliche Zinsen $= 2{,}88 \cdot 6 = 17{,}28$ DM

monatliche Zinsen $= \dfrac{17{,}28}{12} = 1{,}44$ DM

Zinsen in 7 Monaten $ = \mathbf{10{,}08\ DM}$

Einfachere Berechnung: $z = 2{,}88 \cdot 6 \cdot \dfrac{7}{12} = 10{,}08$ DM

174 Gesucht sind die Zinsen von 540 DM bei $6\tfrac{1}{3}\%$ in 3 Jahren 5 Monaten.

$$z = 5{,}4 \cdot \dfrac{19}{3} \cdot \dfrac{41}{12} = \mathbf{116{,}85\ DM^{**}}$$

---

* Multiplikation mit dem Sternmuster siehe Bd. 1.

** Ist die Zeit in Jahren und Monaten gegeben $\left(3\tfrac{5}{12}\ \text{Jahre}\right)$, so richtet man ein $\left(\tfrac{41}{12}\right)$.

175 Berechne die Zinsen auf die vorteilhafteste Art.

k (DM)	p (%)	Zeit	Zinsen (DM)		
264	$6\frac{1}{2}$	3 J. 11 Mon.	$2{,}64 \cdot \frac{13}{2} \cdot \frac{47}{12} = 0{,}11 \cdot 13 \cdot 47 =$		67,21
360	$5\frac{1}{2}$	2 J. 2 Mon.	$3{,}6 \cdot \frac{11}{2} \cdot \frac{13}{6} = 0{,}3 \cdot 143$	$=$	42,90
480	$6\frac{1}{4}$	1 J. 5 Mon.	$4{,}8 \cdot \frac{25}{4} \cdot \frac{17}{12} = 2{,}5 \cdot 17$	$=$	42,50
570	$5\frac{3}{5}$	4 J. 7 Mon.	$5{,}7 \cdot \frac{28}{5} \cdot \frac{55}{12} = 1{,}9 \cdot 7 \cdot 11$	$=$	146,30

15.2.3 Zinsen in t Tagen

176 Herr Hofmann trägt am 7. Februar 2 500 DM auf die Sparkasse, die 6% Zinsen gibt. Am 19. August hebt er das Geld wieder ab. Wieviel Zinsen bekommt er?

Das Kapital stand $t = 192$ Tage auf Zinsen*.

Die jährlichen Zinsen betragen   150 DM

die täglichen Zinsen betragen $\frac{150}{360} = \frac{5}{12}$ DM

die Zinsen für 192 Tage betragen $\frac{5}{12} \cdot 192 =$ **80 DM**

Beachte: 180 Tg. $= \frac{1}{2}$ J.   120 Tg. $= \frac{1}{3}$ J.   90 Tg. $= \frac{1}{4}$ J.

72 Tg. $= \frac{1}{5}$ J.   60 Tg. $= \frac{1}{6}$ J.   45 Tg. $= \frac{1}{8}$ J.   36 Tg. $= \frac{1}{10}$ J.

177 Für die angegebene Zeit in Tagen sind die Zinsen zu berechnen.

k (DM)	p (%)	t (Tage)	a (Jahre)	z (DM)
800	$5\frac{1}{2}$	144	$\frac{2}{5}$	17,60
480	$6\frac{1}{2}$	270	$\frac{3}{4}$	23,40
720	$5\frac{3}{4}$	300	$\frac{5}{6}$	34,50
560	$6\frac{1}{4}$	216	$\frac{3}{5}$	21,00
960	$6\frac{1}{3}$	225	$\frac{5}{8}$	38,00

178 Berechne die Zinsen folgender Kapitalien vom Tag der Einzahlung bis zum 30. 12. 1976 bei $p = 6{,}4\%$.

---

* Im kaufmännischen Rechnen wird das Jahr zu 360 Tagen, der Monat also zu 30 Tagen gerechnet. Über Zeitrechnung siehe Bd. 1.

k (DM)	Tag der Einzahlung	t (Tage)	a (Jahre)	z (DM)
720	3. 2. 76	327	$\frac{109}{120}$	41,86
540	8. 4. 76	262	$\frac{131}{180}$	25,15
390	24. 7. 76	156	$\frac{13}{30}$	10,82
720	10. 10. 76	80	$\frac{2}{9}$	10,24

Bemerkung zur letzten Aufgabe:
$$z = 7{,}2 \cdot 6{,}4 \cdot \frac{2}{9} = 1{,}6 \cdot 6{,}4 = 10{,}24.$$

179 Herr Braun bringt zu Anfang jeden Monats 500 DM zur Sparkasse, die 6% Zinsen gibt. Wie hoch ist sein Guthaben nach 1 Jahr?

6% jährliche Zinsen = $\frac{1}{2}$% monatliche Zinsen.

Überschlag für die Zinsen: Die einzelnen Einzahlungen werden 12, 11 ⋯ 2, 1 Monate verzinst, das sind

$$\overbrace{12 + 11 + \cdots + 2 + 1} = 6 \cdot 13 = 78 \text{ Monate} = 6\tfrac{1}{2} \text{ Jahre}$$

Die Zinsen betragen $z \approx 5 \cdot 6 \cdot 6\tfrac{1}{2} = 195$ DM.

Von den eingezahlten 6 000 DM bekommt Herr Braun rund 195 DM Zinsen (genau 198,63 DM*). Sein Guthaben beträgt **6 198,63 DM**.

180 Billiges Geld?? Ein häufig in Zeitungen wiederkehrendes Inserat:

> Brauchen Sie Geld?
> Für den Urlaub? Für Anschaffungen?
> Sie können schon übermorgen bis zu 6 000 DM in der Hand haben, wenn Sie uns noch heute schreiben.
> Wir erheben keine Gebühren!
> Rückzahlung erst innerhalb von 5 Jahren.
> Zinsen nur 0,9%!

Glaubst du, daß dein Vater diese „günstige Gelegenheit" wahrnimmt? Die monatliche Belastung beträgt ja nur 100 DM! Aber wer verleiht sein Geld für 0,9% Zinsen? Daß es sich um *monatliche* Zinsen handelt, merkt der Leser meist nicht.

Nach dem ersten Monat muß der Vater 0,9% von 6 000 DM, das sind 54 DM Zinsen bezahlen. Durch die monatlichen Rückzahlungen von je 100 DM vermindern sich die Zinsen in jedem folgenden Monat um 0,90 DM; sie betragen nach 60 Monaten 0 DM:

---

* Die Berechnung geschieht mit der Zinseszinsrechnung (Bd. 23), vgl. auch 19.4.

$$54 + 53{,}10 + 52{,}20 + \cdots + 1{,}80 + 0{,}90 + 0 = \frac{54}{2} \cdot 60 = 27 \cdot 60$$

Die durchschnittlichen monatlichen Zinsen sind 27 DM, das sind in 60 Monaten **1 620 DM**, entsprechend 27% der Darlehenssumme. Der Vater wird deshalb auf das Angebot bestimmt nicht hereinfallen!

181 Ratenkauf ist teuer! Der Vertreter einer Schreibmaschinen-Firma bietet Herrn Schreiber eine Schreibmaschine für 595 DM an: „Selbstverständlich können Sie sich mit der Bezahlung 2 Jahre Zeit nehmen — bequeme Monatsraten von nur 30 DM — keine Anzahlung. Bei Barzahlung erhalten Sie 5% Nachlaß."

Herr Schreiber rechnet:

1. 5% von rund 600 DM sind 30 DM, also Barzahlung 565 DM.
2. 24 Raten zu 30 DM sind 720 DM.
3. Wenn ich jeden Monat 30 DM auf der Sparkasse mit 6% verzinse, bekomme ich (wegen der Zinseszinsen) rund 45 DM Zinsen.

Herr Schreiber geht auf den Ratenkauf nicht ein. Statt dessen bringt er die „Raten" zur Sparkasse, und wenn er die Schreibmaschine nach 2 Jahren bar bezahlt, hat er **200 DM** „verdient"!

Sparbeträge	720 DM
Zinsen	45 DM
	765 DM
Barzahlung	565 DM
„Verdienst"	200 DM

182 Ein Kapital von 100 DM wird zu 10% auf Zinseszins angelegt. Auf welchen Betrag ist es nach 8 Jahren angewachsen? Nach welcher Zeit hat es sich verdoppelt?

100 DM wachsen in 1 Jahr auf 110 DM an, also auf den 1,1fachen Betrag. Man muß mithin von Jahr zu Jahr mit 1,1 multiplizieren.

Nach etwas mehr als 7 Jahren hat sich das Kapital verdoppelt.

Bis zur Verdopplung bringt das Kapital 194,87 DM noch 5,13 DM Zinsen, und zwar in t Tagen $= \frac{t}{360}$ Jahre.

Mit der Formel **(4)** und $p = 10$ ist

$$t = \frac{36\,000\,z}{k\,p} = 95 \text{ Tage.}$$

Nach etwa $7\frac{1}{4}$ Jahren hat sich das Kapital bei 10% mit Zinseszinsen verdoppelt.

Jahre	Kapital DM
0	100
1	110
2	121
3	133,10
4	146,41
5	161,05
6	177,15
7	194,87
8	214,36

Probe: 194,87 DM bringen in 95 Tagen bei 10%

$$z = \frac{194{,}87 \cdot 95 \cdot 10}{100 \cdot 360} = \frac{194{,}87 \cdot 19}{72} = 5{,}14 \text{ DM Zinsen.}$$

Bemerkung. Bei Verzinsung mit 6% verdoppelt sich ein Kapital nach rund 12 Jahren. Wenn ein Vater bei der Geburt seines Sohnes 1 000 DM anlegt, so kann der Sohn mit 24 Jahren über 4 000 DM verfügen!

16 Formeln

16.1 Formeln für die Zinsen

16.1.1 Zinsen in a Jahren

Beispiel. Wieviel Zinsen (z) bringen $k = 435$ DM bei $p = 6\%$ in $a = 3$ Jahren?

1 % sind $\frac{435}{100}$ DM $\qquad\qquad\qquad\qquad\qquad$ 1 % sind $\frac{k}{100}$

6 % sind $\frac{435}{100} \cdot 6$ DM $\quad\longleftarrow\quad$ jährl. Zinsen $\quad\longrightarrow\quad p$ % sind $\frac{k}{100} \cdot p$

$\frac{435}{100} \cdot 6 \cdot 3 = 78{,}30$ DM $\longleftarrow$ Zinsen in a Jahren $\longrightarrow \frac{k}{100} \cdot p \cdot a$

(2) $$\boxed{z = \frac{k \cdot a \cdot p}{100}}$$

Die Zinsen sind der 100. Teil des Produktes aus Kapital, Jahren und Zinsfuß.
Eine „Formel" (2) ist der mathematische Ausdruck für eine Rechenvorschrift.
In den Aufgaben **165** bis **170** haben wir eigentlich schon nach dieser Formel gerechnet.

16.1.2 Zinsen in m Monaten

Es sind m Monate $= \frac{m}{12}$ Jahre. Wir setzen in der Formel (2) $\frac{m}{12}$ für a ein und erhalten

(3) $$\boxed{z = \frac{k \cdot m \cdot p}{1\,200}}$$

Vergleiche hierzu die Aufgaben **173** bis **175**.

16.1.3 Zinsen in t Tagen

Wenn die Zeit in Tagen gegeben ist — und das ist in der Praxis am häufigsten der Fall* – so erhalten wir wegen t Tage $= \frac{t}{360}$ Jahre:

(4) $$\boxed{z = \frac{k \cdot t \cdot p}{36\,000}}$$

Siehe hierzu die Aufgaben **177** und **178**.

In den bisher behandelten Aufgaben waren die Zinsen (z) gesucht. Wir können aber auch jede der übrigen Größen (p, k, a) aus den drei anderen Größen berechnen.

16.2 Der Zinsfuß p ist gesucht

183 Zu welchem Zinsfuß war ein Kapital von 800 DM auf der Sparkasse angelegt, wenn es in 3 Jahren 96 DM Zinsen brachte?

Mit anderen Worten lautet die Frage: Wieviel DM Zinsen bringen 100 DM Kapital in 1 Jahr?

---
* Vgl. die bankmäßige Zinsberechnung in **18**.

Erste Art (mit Dreisatz):

800 DM bringen in 3 Jahren 96 DM Zinsen
100 DM bringen in 3 Jahren 12 DM Zinsen
100 DM bringen in 1 Jahr   4 DM Zinsen
$$p = 4\%$$

Zweite Art: In 1 Jahr bekommt man 32 DM Zinsen, das ist der 25. Teil des Kapitals, also $p = 4\%$.

Dritte Art: 1% von 800 DM in 3 Jahren sind 24 DM; die Zinsen sind 4mal so groß, also $p = 4\%$.

184 In $1\frac{1}{3}$ Jahren brachten 945 DM Kapital 63 DM Zinsen.

945 DM bringen in $1\frac{1}{3}$ Jahren 63 DM Zinsen

100 DM bringen in $1\frac{1}{3}$ Jahren $\frac{6300}{945} = \frac{20}{3}$ DM Zinsen

100 DM bringen in 1   Jahr $\frac{20}{3} \cdot \frac{3}{4} = 5$ DM Zinsen
$$p = 5\%$$

185 Berechne in den folgenden Aufgaben den Zinsfuß. Zuvor ist p zu schätzen. Mache zuletzt die Probe.

k (DM)	a (Jahre)	z (DM)	Schätzung		p (%)
			Zinsen bei 1%	p	
380	$2\frac{1}{2}$	57	$4 \cdot 2\frac{1}{2} = 10$	≈ 6	6
525	3	88,20	$5,25 \cdot 3 \approx 16$	≈ 5	5,6
288	$1\frac{3}{4}$	27,72	$3 \cdot 2 = 6$	≈ 5	5,5
600	$2\frac{1}{3}$	91	$6 \cdot 2\frac{1}{3} = 14$	≈ 6	6,5
480	$1\frac{1}{2}$	32,40	$\approx 7,50$	> 4	4,5
328	$2\frac{1}{4}$	35,42	≈ 7	≈ 5	4,5

186 Bei welchem Zinsfuß brachten 543 DM in 100 Tagen 7,24 DM Zinsen?
$$p = \frac{724}{543} \cdot 3,6 = \frac{724 \cdot 1,2}{181} = 4 \cdot 1,2 = 4,8$$
$$p = 4,8\%$$

16.3 Formel für den Zinsfuß

Wir fragen nach dem Zinsfuß (p), bei dem das Kapital $k = 425$ DM in $a = 5$ Jahren $z = 85$ DM Zinsen bringt.

Zahlenbeispiel: Allgemein:

425 —— 5 —— 85 k DM Kap. in a J. —— z DM Zinsen

1 —— 5 —— $\frac{85}{425}$ 1 DM Kap. in a J. —— $\frac{z}{k}$ DM Zinsen

100 —— 5 —— $\frac{100 \cdot 85}{425}$ 100 DM Kap. in a J. —— $\frac{100 \cdot z}{k}$ DM Zinsen

100 —— 1 —— $\frac{100 \cdot 85}{425 \cdot 5}$ 100 DM Kap. in 1 J. —— $\frac{100 \cdot z}{k \cdot a}$ DM Zinsen

$p = 4\%$

(5) $\boxed{p = \dfrac{100 \cdot z}{k \cdot a}}$

In den Aufgaben **185** und **186** haben wir bereits nach dieser Formel gerechnet. In Aufgabe **186** war $a = \frac{100}{360}$; da in der Formel durch a dividiert wird, erscheint der Bruch $\frac{100}{360}$ als Kehrwert* $\left(\frac{360}{100} = 3{,}6\right)$.

16.4 Das Kapital k wird gesucht

187 Von welchem Kapital bekommt man bei $p = 6\%$ in $a = 4$ Jahren $z = 168$ DM Zinsen?

Erste Art: 6 DM Zs. in 1 J. von   100 DM Kap.

   1 DM Zs. in 1 J. von $\frac{100}{6}$ DM Kap.

   168 DM Zs. in 1 J. von $\frac{16800}{6} = 2\,800$ DM Kap.

   168 DM Zs. in 4. J von $\frac{2800}{4} =$ **700 DM Kap.**

Zweite Art: 100 DM Kap. —— in 1 J. —— 6 DM Zs.
   100 DM Kap. —— in 4 J. —— 24 DM Zs.

Da $z = 168 = 7 \cdot 24$, so ist das Kapital 7mal so groß:

$$k = 700 \text{ DM}$$

188 Berechne das Kapital, das in $1\frac{1}{2}$ Jahren bei $6\frac{2}{3}\%$ 75 DM Zinsen brachte.

$6\frac{2}{3}$ DM Zinsen in 1   J. von 100 DM Kapital

75 DM Zinsen in $1\frac{1}{2}$ J. von k DM Kapital

$$k = \frac{100 \cdot 75}{6\frac{2}{3} \cdot 1\frac{1}{2}} = \textbf{750 DM}$$

189 Welches Kapital bringt bei $6\frac{1}{4}\%$ in $2\frac{1}{2}$ Jahren 150 DM Zinsen?

Das Kapital bringt in 1 Jahr 60 DM Zinsen. Da $6\frac{1}{4}$ der 16. Teil von 100 ist, so ist

$$k = 16 \cdot 60 = \textbf{960 DM}$$

---

* Siehe Bd. 2.

190 Von welchem Kapital bekommt man in $2\frac{1}{4}$ Jahren bei 5,6% 189 DM Zinsen? Schätze das Kapital.

Schätzung: In ≈ 2 J. bekommt man ≈ 200 DM Zinsen, also in 1 J. ≈ 100 DM Zinsen bei ≈ 6%, das ist ≈ $\frac{1}{16}$ von 100; mithin $k \approx 1\,600$ DM.

Berechnung: $k = \dfrac{189 \cdot 100}{2\frac{1}{4} \cdot 5,6} = \dfrac{18900}{12,6} = \mathbf{1\,500\ DM}$

191 Von welchem Kapital erhält man in 160 Tagen bei $6\frac{1}{2}$% 156 DM Zinsen?

Schätzung: In ≈ $\frac{1}{2}$ Jahr rund 150 DM Zinsen, also jährliche Zinsen ≈ 300 DM; von 100 DM ≈ 6 DM Zinsen, also Kapital ≈ 5 000 DM.

Berechnung: $k = \dfrac{100 \cdot 156 \cdot 360}{6,5 \cdot 160} = 100 \cdot 24 \cdot \dfrac{9}{4} = \mathbf{5\,400\ DM}$

192 Man schätze und berechne in den folgenden Aufgaben das Kapital.

p (%)	a (Jahre)	z (DM)	k (DM)
$6\frac{1}{4}$	$2\frac{1}{2}$	512,50	3 280
$5\frac{1}{2}$	$1\frac{3}{4}$	539	5 600
7	$\frac{2}{3}$	336	7 200
$6\frac{2}{3}$	96 Tg.	112	6 300
$4\frac{1}{2}$	240 Tg.	84	2 800

16.5 Formel für das Kapital

Wir fragen nach dem Kapital, das bei $p = 6\%$ in $a = 3$ Jahren $z = 81$ DM Zinsen bringt.

6 DM Zs. in 1 J. von	100 DM	p — 1 — 100	
1 DM Zs. in 1 J. von	$\frac{100}{6}$ DM	1 — 1 — $\frac{100}{p}$	
81 DM Zs. in 1 J. von	$\frac{100 \cdot 81}{6}$ DM	z — 1 — $\frac{100 \cdot z}{p}$	
81 DM Zs. in 3 J. von	$\frac{100 \cdot 81}{6 \cdot 3}$ DM	z — a — $\frac{100 \cdot z}{p \cdot a}$	

$k = \mathbf{450\ DM}$

(6) $\boxed{k = \dfrac{100 \cdot z}{p \cdot a}}$

Vergleiche hierzu Aufgabe **191**: Es ist $a = \dfrac{160}{360} = \dfrac{4}{9}$ Jahre. In der Formel wird durch a dividiert, also mit $\dfrac{9}{4}$ multipliziert.

16.6 Die Zeit wird gesucht

192 In wieviel Jahren bringen 800 DM bei 6% 120 DM Zinsen?

Erste Art: 100 DM bringen 6 DM Zs. in 1 J.

800 DM bringen 6 DM Zs. in $\frac{1}{8}$ J.

800 DM bringen 1 DM Zs. in $\frac{1}{6 \cdot 8}$ J.

800 DM bringen 120 DM Zs. in $\frac{120}{48}$ J.

$a = 2\frac{1}{2}$ **Jahre**

Zweite Art: 100 DM bringen $\frac{120}{8} = 15$ DM Zinsen

die jährlichen Zinsen von 100 DM sind 6 DM

also $a = \frac{15}{6} = 2\frac{1}{2}$ Jahre

Dritte Art: Die jährlichen Zinsen sind $8 \cdot 6 = 48$ DM

also $a = \frac{120}{48} = 2\frac{1}{2}$ Jahre

193 In welcher Zeit bekommt man von 2 400 DM Kapital bei $6\frac{3}{4}$% 729 DM Zinsen? Schätzung!

Schätzung: Die jährl. Zinsen von 2400 DM bei ≈ 7% betragen 168 DM. Da die Zinsen mehr als 4mal so groß sind, ist $a > 4$ Jahre.

Berechnung: Von 100 DM —— $6\frac{3}{4}$ DM Zs. in 1 Jahr

von 2 400 DM —— 729 DM Zs. in a Jahren

$$a = \frac{100 \cdot 729}{2400 \cdot 6\frac{3}{4}} = \frac{243 \cdot 4}{8 \cdot 27} = 4\frac{1}{2} \text{ \textbf{Jahre}}$$

194 In wieviel Jahren bringen 1 200 DM Kapital bei $6\frac{1}{5}$% 24,18 DM Zinsen?

In wieviel Tagen bringen 1 200 DM Kapital bei $6\frac{2}{3}$% 24,18 DM Zinsen?

Schätzung: 1 200 DM bringen bei 6% jährlich 72 DM Zinsen. Da die Zinsen ≈ 24 DM betragen, ist $a \approx \frac{1}{3}$ Jahr.

Berechnung: 100 DM bringen $6\frac{1}{5}$ DM Zinsen in 1 Jahr

1 200 DM bringen 24,18 DM Zinsen in a Jahren

$$a = \frac{100 \cdot 24{,}18}{1200 \cdot 6{,}2} = \frac{2{,}015}{6{,}2} \text{ Jahre} = \frac{2{,}015}{6{,}2} \cdot 360 \text{ Tg.} = \frac{7254}{62} \text{ Tg.} = \textbf{117 Tage}$$

Schätzung zur zweiten Frage: $t < 117$ Tage.

$$a = \frac{100 \cdot 24{,}18}{1200 \cdot \frac{20}{3}} \cdot 360 \text{ Tg.} = \textbf{109 Tage.}$$

195 Schätze und berechne in den folgenden Aufgaben die Zeit.

k (DM)	p (%)	z (DM)	Schätzung		a (Jahre)
			jährliche Zinsen (DM)	Jahre	
650	$5\frac{1}{2}$	89,40	35	> 2	$2\frac{1}{2}$
840	6	88,20	50	< 2	$1\frac{3}{4}$
375	$6\frac{2}{3}$	6,04	24	$\approx \frac{1}{4}$	0,2416 J. = 87 Tg.
760	$5\frac{3}{4}$	61,18	48	> 1	1,4 J. = 1 J. 144 Tg.

16.7 Formel für die Zeit

Frage: In welcher Zeit (a Jahre) bringen $k = 500$ DM bei $p = 6\%$ $z = 75$ DM Zinsen?

100 DM bringen 6 DM Zs. in 1 J.	100 —— p —— 1
1 DM bringt 6 DM Zs. in 100 J.	1 —— p —— 100
500 DM bringen 6 DM Zs. in $\frac{100}{500}$ J.	k —— p —— $\frac{100}{k}$
500 DM bringen 1 DM Zs. in $\frac{100}{500 \cdot 6}$ J.	k —— 1 —— $\frac{100}{k \cdot p}$
500 DM bringen 75 DM Zs. in $\frac{100 \cdot 75}{500 \cdot 6}$ J.	k —— z —— $\frac{100 \cdot z}{k \cdot p}$

$a = 2,5$ Jahre

(7) $$a = \frac{100 \cdot z}{k \cdot p}$$

Man vergleiche hierzu die Ausrechnung in den Aufgaben **193** und **194**.

Du hast dich wohl gewundert, daß wir die Formeln (2) bis (7) *nach* den Aufgaben 165 bis 182 bringen. Vielleicht meinst du, es wäre sinnvoller gewesen, die Formeln voranzustellen, weil die Aufgaben mit den Formeln viel leichter gelöst werden können. Das stimmt. Aber dann wäre der Lösungsweg nur ein mechanisches Rechnen gewesen und damit zu einer langweiligen und geisttötenden Arbeit geworden. Das Überlegen und Denken wäre dabei zu kurz gekommen. Du siehst gewiß ein, daß hier wie auch in allen anderen Gebieten und Fächern das *Denken* groß geschrieben wird!

17 Gerade und umgekehrte Verhältnisse

17.1 Die 6 Fälle

In der Zinsrechnung kommen 4 Größen vor: z, k, a, p.

Faßt man je 2 Größen zusammen:

(1) z, k;   (2) z, a;   (3) z, p;   (4) k, a;   (5) k, p;   (6) a, p,

so ergeben sich 6 Fälle, in denen ein gerades oder umgekehrtes Verhältnis vorliegt.

Verhältnis	in der Zinsrechnung		in der Rabattrechnung* (zum Vergleich)
gerade	(1)	z und k	r und w
	(2)	z und a	—
	(3)	z und p	r und p
umgekehrt	(4)	k und a	—
	(5)	k und p	w und p
	(6)	a und p	—

Sprich diese Tatsachen in sechs Sätzen aus: „Je größer ... desto größer bzw. kleiner ..."

17.2 Regel

Ob ein gerades oder ein umgekehrtes Verhältnis vorliegt, kann man auch aus den Formeln (2) bis (7) ablesen.

Aus der Bruchrechnung wissen wir, daß der Wert eines Bruches größer wird, wenn man den Zähler vergrößert oder den Nenner verkleinert.**

Wird in		so wird	Verhältnis		Fall
$z = \frac{k \cdot a \cdot p}{100}$	k oder a oder p größer	z größer	z und k z und a z und p	**G**	(1) (2) (3)
$p = \frac{100 \cdot z}{k \cdot a}$	k oder a kleiner	p größer	k und p a und p	**U**	(5) (6)
$k = \frac{100 \cdot z}{p \cdot a}$	p oder a kleiner	k größer	k und p k und a	**U**	(5) (4)
$a = \frac{100 \cdot z}{k \cdot p}$	k oder p kleiner	a größer	k und a a und p	**U**	(4) (6)

Die in einer Formel links stehende Größe steht zu einer rechts im $\left\{ \begin{array}{c} \text{Zähler} \\ \text{Nenner} \end{array} \right\}$ auftretenden Größe im $\left\{ \begin{array}{c} \text{geraden} \\ \text{umgekehrten} \end{array} \right\}$ Verhältnis.

---

* Siehe 8.3 Die Fälle 2, 4 und 6 treten nicht auf, da in der Rabattrechnung die Zeit nicht vorkommt.
** Siehe Bd. 2.

17.3 Aufgaben

196 Zu den nachstehenden Aufgaben ist der Wortlaut zu sagen und anzugeben, ob die gesuchte Größe für A oder B größer ist. Man berechne die gesuchte Größe für A und B.

1	2	3	4	5
	Gegeben		Gesucht	Produkt aus Sp. 3 und 4
A B	$3\frac{1}{2}\%$	63 DM Zs.	360 DM Kap. 600 DM Kap.	$a = \begin{cases} 5 \text{ J.} \\ 3 \text{ J.} \end{cases}$	$k \cdot a = 1\,800$
A B	$4\frac{1}{6}\%$	70 DM Zs.	4 J. 6 J.	$k = \begin{cases} 420 \text{ DM} \\ 280 \text{ DM} \end{cases}$	$k \cdot a = 1\,680$
A B	6 J.	150 DM Zs.	625 DM Kap. 500 DM Kap.	$p = \begin{cases} 4\% \\ 5\% \end{cases}$	$k \cdot p = 2\,500$
A B	$2\frac{1}{2}$ J.	15 DM Zs.	4% $3\frac{1}{3}\%$	$k = \begin{cases} 150 \text{ DM} \\ 180 \text{ DM} \end{cases}$	$k \cdot p = 600$
A B	870 DM Kap.	319 DM Zs.	$3\frac{2}{3}\%$ $3\frac{1}{3}\%$	$a = \begin{cases} 10 \text{ J.} \\ 11 \text{ J.} \end{cases}$	$a \cdot p = \frac{110}{3}$
A B	400 DM Kap.	150 DM Zs.	9 J. 10 J.	$p = \begin{cases} 4\frac{1}{6}\% \\ 3\frac{3}{4}\% \end{cases}$	$a \cdot p = 37,5$
A B	6%	52,65 DM Zs.	$4\frac{1}{2}$ J. $6\frac{1}{2}$ J.	$k = \begin{cases} 195 \text{ DM} \\ 135 \text{ DM} \end{cases}$	$k \cdot a = 877,5$

18 Bankmäßige Zinsberechnung

Die Banken und Sparkassen berechnen für die Guthaben ihrer Kunden die Zinsen am Jahresende aus den Zinszahlen und dem Zinsdivisor. Dadurch wird die Rechenarbeit sehr vereinfacht, wie wir im folgenden zeigen wollen.

18.1 Beispiel

Herr Schneider hat an verschiedenen Tagen (Spalte 1) die nachstehenden Beträge (Sp. 2) zur Sparkasse gebracht, bei der er 6% Zinsen bekommt. Am Ende des Jahres rechnet die Sparkasse die Zinsen für das Guthaben aus. Wieviel DM Zinsen bekommt Herr Schneider?

1	2	3	4	5
Datum	Einzahlung	Tage* bis 30. 12.	Zinszahlen	Zinsen
	k	t	$N = k \cdot t$	z
6. 2.	500 DM	324	162 000	27,00 DM
29. 4.	300 DM	241	72 300	12,05 DM
6. 6.	250 DM	204	51 000	8,50 DM
25. 10.	600 DM	65	39 000	6,50 DM
—	1 700 DM	—	324 300	54,05 DM

Für jede einzelne Einzahlung müßte die Sparkasse mit der Zinsformel (4) rechnen:

$$z = \frac{k \cdot t \cdot p}{36\,000} \text{ oder wegen } p = 6\% : \quad z = \frac{k \cdot t}{6\,000},$$

also $z = \frac{162\,000}{6\,000} + \frac{72\,300}{6\,000} + \frac{51\,000}{6\,000} + \frac{39\,000}{6\,000}$ \hfill (I)

$z = 27,00 + 12,05 + 8,50 + 6,50 = 54,05$

Einfacher wird die Berechnung der *Gesamtzinsen*, wenn man die gleichnamigen Brüche in Zeile (I) addiert, indem man ihre Zähler addiert:

$$z = \frac{324\,300}{6\,000} = 54,05 \hfill (II)$$

18.2 Formel

Die Zähler der Brüche in (I) sind jeweils das Produkt aus Kapital und Tagen ($k \cdot t$). Dieses Produkt wird als *Zinszahl* (N) bezeichnet:

Zinszahl $N = k \cdot t$

Die Summe der Zinszahlen (II) muß bei dem gegebenen Zinsfuß von 6 % durch $6\,000 = \frac{36\,000}{6}$ dividiert werden. Bei einem Prozentsatz von $p\%$ ist der

Zinsdivisor $D = \dfrac{36\,000}{p}$

Somit lautet die Formel zur Berechnung der Gesamtzinsen:

(8) $\qquad$ **Gesamtzinsen $= \dfrac{\text{Summe der Zinszahlen}}{\text{Zinsdivisor}} = \dfrac{\Sigma N}{D}$** **

In der Praxis geht also die Berechnung der Zinsen so vor sich: Für jede Einzahlung wird aus den Spalten 2 und 3 die Zinszahl $N = k \cdot t$ berechnet (Sp. 4) und die Summe der Zinszahlen (ΣN) durch den Zinsdivisor $D = \frac{36\,000}{p}$ dividiert. Dadurch wird die umständliche Berechnung der Einzelzinsen (Sp. 5) überflüssig.

---

* Zeitrechnung siehe Bd. 1.
** Σ ist das griechische S.

18.3 Aufgaben

197 Berechne den Zinsdivisor (D) für die nachstehenden Prozentsätze (p).

p	5	5,5	6	$6\frac{1}{4}$	$6\frac{2}{3}$	7,2
D	7 200	6 545	6 000	5 760	5 400	5 000

198 Berechne die Gesamtzinsen für die folgenden Einzahlungen bei $p = 7,2\%$.

Einzahlung	Tage	Zinszahlen
400 DM	120	48 000
250 DM	72	18 000
350 DM	60	21 000
1 000 DM	—	87 000 : 5 000 = **17,40 DM** Zinsen

199 Wieviel Zinsen bekommt man für die nachstehenden Einzahlungen bei einem Zinsfuß von $5\frac{1}{2}\%$?

k (DM)	t (Tage)	$N = k \cdot t$*
1 100	282	310 200
720	193	138 960
4 180	148	618 640
350	128	44 800
800	91	72 800
500	47	23 500
7 650	—	1 208 900 : 6 545** = **184,71 DM** Zinsen

200 Man berechne die Gesamtzinsen bei $6\frac{1}{4}\%$ bis zum Ende des Jahres.

Datum	Einzahlung (DM)	Tage	Zinszahlen
3. 2.	500	327	163 500
24. 3.	200	276	55 200
6. 6.	350	204	71 400
10. 8.	400	140	56 000
6. 10.	250	84	21 000
1. 11.	450	59	26 550
	2 150		393 650 : 5 760 = **68,34 DM** Zinsen

201 Herr Hofmann hat bei seiner Bank, die $6\frac{2}{3}\%$ Zinsen gibt, im Lauf des Jahres Geld einbezahlt (+) und Geld abgehoben (−). Wie groß ist sein Guthaben am Jahresende?

---

* Bei den Multiplikationen wende man geeignete Vorteile an; siehe Bd. 1.
** mit abgekürzter Division, Bd. 2.

Datum	+ k DM	− k DM	t Tage	+ N	− N
11. 1.	450		349	157 050	
4. 2.	250		326	81 500	
2. 3.	320		298	95 360	
28. 3.		500	272		136 000
5. 5.	150		235	35 250	
2. 6.	200		208	41 600	
18. 7.		400	162		64 800
10. 10.	180		80	14 400	
1. 11.	100		59	5 900	
20. 12.		300	10		3 000
	1 650 − 1 200	1 200 ↵	—	431 060 − 203 800	203 800 ↵
	450			227 260 : 5 400 = 42,09	

Das Guthaben beträgt 450 DM + 42,09 DM = **492,09 DM**.

19 Diskontrechnung

19.1 Definition

Herr Groß (als Gläubiger) hat an Herrn Schäfer (als Schuldner) eine Forderung von 600 DM (Schuldsumme), die nach 4 Monaten (Fälligkeitstermin) zahlbar ist.

Überschreitet der Schuldner die Zahlungsfrist, so muß er dem Gläubiger „Verzugszinsen" zahlen (z. B. 5%). Wird die Schuld erst nach 7 Monaten, also 3 Monate nach dem Fälligkeitstermin, abgetragen, so kommen an Verzugszinsen noch $6 \cdot 5 \cdot \frac{1}{4} = 7{,}50$ DM hinzu.

Wird dagegen die Schuld *vor* dem Fälligkeitstermin bezahlt, so darf der Schuldner 5% *Diskont* von der Schuldsumme abziehen. Wenn er bereits nach 2 Monaten bezahlt, so beträgt der Diskont $6 \cdot 5 \cdot \frac{1}{6} = 5$ DM.

Diskont ist ein Rabatt unter Berücksichtigung der Zeit.

19.2 Diskont in 100

19.2.1 Der Barwert

Wenn der Schuldner im obigen Fall die Schuld sofort bezahlt, also 4 Monate vor dem vereinbarten Termin, dann kann er $6 \cdot 5 \cdot \frac{1}{3} = 10$ DM Diskont abziehen. Seine Zahlung an den Gläubiger beträgt dann nur 590 DM.

Die um den Diskont verminderte Schuldsumme heißt der *Barwert*.

19.2.2 Schaden für den Gläubiger

Wenn der Schuldner sofort bezahlt, könnte der Gläubiger den Barwert (590 DM) bis zum Fälligkeitstermin (also 4 Monate) auf Zinsen legen und bekäme (bei 5%) $5{,}9 \cdot 5 \cdot \frac{1}{3} = 9{,}83$ DM Zinsen. Er hätte dann am Fälligkeitstermin 599,83 DM statt 600 DM, also einen kleinen „Schaden" von 17 Pf.

Die geschilderte Art der Diskontrechnung wird „Diskont in 100" genannt.

Die Schuldsumme ist der Grundwert.

Schuldsumme = 600 DM, davon 5% in 4 Monaten ⏋
Diskont = 10 DM ◂───────────────┘

Barwert = 590 DM   **Diskont in 100**

202 Herr Goldmann hat an Herrn Schneider eine Forderung von 6 000 DM, die nach 1 Jahr fällig ist. Berechne den Diskont, wenn die Schuldsumme (1) nach $\frac{1}{2}$ Jahr, (2) sofort bezahlt wird. Wie hoch ist in beiden Fällen der „Schaden" für den Gläubiger? Diskontsatz = 5%.

Diskont von 6 000 DM bei 5%:

(1) für $\frac{1}{2}$ Jahr .... 150 DM   (2) für 1 Jahr .... 300 DM
Barwert ...... 5 850 DM   Barwert ..... 5 700 DM

Zinsen vom Barwert bei 5%:

für $\frac{1}{2}$ Jahr ..... 146,25 DM   für 1 Jahr .... 285 DM
Endbetrag ..... 5 996,25 DM   Endbetrag.... 5 985 DM
Schaden für Gl. **3,75 DM**   Schaden für Gl. **15 DM**

Wir erkennen, daß bei größeren Schuldsummen und längeren Zahlungsfristen der Gläubiger einen beträchtlichen Schaden hat, der umso größer ist, je eher der Schuldner den Betrag zurückbezahlt.

In diesen Fällen wendet man den „Diskont auf 100" an.

19.3 Diskont auf 100

19.3.1 Der Gläubiger soll keinen Schaden haben

Eine Schuldsumme von 5 200 DM ist nach 8 Monaten fällig (Diskontsatz 6%). Wenn der Schuldner sofort bezahlt (Barwert x), dann muß der Gläubiger von diesem Barwert in 8 Monaten bei 6% so viel Zinsen bekommen, daß Barwert + Zinsen genau die Schuldsumme ergeben.

Wir fragen also: Welches Kapital (Barwert) wächst bei 6% in 8 Monaten $= \frac{2}{3}$ Jahre auf 5 200 DM an?

100 DM bringen bei 6% in $\frac{2}{3}$ Jahren 4 DM Zinsen, wachsen also auf 104 DM an; oder umgekehrt:

104 DM entstehen aus 100 DM
5 200 DM entstehen aus x DM

Barwert $x =$ **5 000 DM**

In der Tat bringen 5000 DM bei 6% in $\frac{2}{3}$ Jahren 200 DM Zinsen, so daß der Gläubiger am Fälligkeitstag „seine" 5 200 DM besitzt.

19.3.2 Definition

Beim Diskont auf 100 ist der Barwert der Grundwert.

Die Diskontrechnung auf 100 ist also nichts anderes als eine Umkehrung der Zinsrechnung.

```
Schuldsumme = 5 200 DM      Diskont auf 100
Diskont     =   200 DM   ◄─────────────────┐
─────────────────────────                   │
Barwert     = 5 000 DM, davon 6% in 8 Monaten ─┘
```

Bemerkung: Beim Diskont in 100 wäre der Diskont = 208 DM, der Barwert = 4 992 DM, davon Zinsen = 199,68 DM, also Endbetrag = 5 191,68 DM. Schaden für den Gläubiger = 8,32 DM.

203 Berechne den Barwert einer in 10 Monaten zahlbaren Schuld von 7 200 DM bei 4% Diskont.

100 DM bringen bei 4% in $\frac{10}{12}$ Jahren $3\frac{1}{3}$ DM Zinsen.

Endbetrag = $103\frac{1}{3}$ = $\frac{310}{3}$ DM

$\frac{310}{3}$ DM entstehen aus 100 DM

7 200 DM entstehen aus **6 967,74 DM** (Barwert)

Zinsen vom Barwert = 232,26 DM
Schuldsumme   = 7 200,00 DM

204 Berechne in den folgenden Aufgaben den Diskont auf 100 und zum Vergleich den Diskont in 100.

Schuld DM	Disk. %	fällig nach Monaten	Diskont auf 100		Diskont in 100			
			Barwert	Diskont = Zinsen	Diskont	Barwert	Zinsen	Schaden für Gl.
800	$3\frac{3}{4}$	7	782,87	17,13	17,50	782,50	17,12	0,38
3 000	$4\frac{1}{2}$	5	2 944,79	55,21	56,25	2 943,75	55,20	1,05
7 500	$3\frac{1}{3}$	10	7 297,30	202,70	208,33	7 291,67	202,55	5,78
14 000	$5\frac{1}{2}$	12	13 270,15	729,85	770,00	13 230,00	727,65	42,35
10 000	8	6	9 615,39	384,61	400,00	9 600,00	384,00	16,00
3 600	$4\frac{1}{6}$	6	3 517,90	82,10	75,00	3 525,00	73,44	1,56

19.4 Zurückdiskontieren

19.4.1 Der Fälligkeitstermin ist größer als 1 Jahr

Eine Schuld von 15 000 DM ist in 4 Jahren fällig. Der Diskontsatz beträgt 5%. Berechne den Barwert.

100 DM bringen bei 5% in 4 Jahren 20 DM Zinsen, also Endbetrag = 120 DM.

120 DM entstehen aus 100 DM

15 000 DM entstehen aus 12 500 DM = Barwert ⎫
Zinsen vom Barwert 2 500 DM ⎬ 15 000 DM

In dieser Berechnung steckt aber noch ein Fehler.

19.4.2 Berechnung des Fehlers

Wenn nämlich der Gläubiger den ihm vom Schuldner *sofort* zurückgezahlten Barwert von 12 500 DM 4 Jahre auf Zinsen legt, ohne daß er die Zinsen am Ende jedes Jahres abhebt, dann steht dieses Kapital ja auf „Zinseszins", weil die Sparkasse die Zinsen am Jahresende zum Kapital schlägt. Der Gläubiger kann dann nach 4 Jahren 15 193,83 DM abheben. Er hat einen *Gewinn* von 193,83 DM.

```
    12 500,00 DM
       625,00 DM
    13 125,00 DM
       656,25 DM
    13 781,25 DM
       689,06 DM
    14 470,31 DM
       723,52 DM
    15 193,83 DM
```

Die Diskontrechnung auf 100 ist also nur dann „richtig" (d.h. ohne Gewinn oder Verlust für den Gläubiger oder Schuldner), wenn die Zahlungsfrist 1 Jahr nicht überschreitet.

Im vorliegenden Fall muß zur Berechnung des Barwertes die Schuld von Jahr zu Jahr „zurückdiskontiert" werden.

19.4.3 Berechnung des Barwertes

Barwert nach 1 Jahr: 14 285,71 DM*
       nach 2 Jahren: 13 605,44 DM
       nach 3 Jahren: 12 957,56 DM
       nach 4 Jahren: 12 340,54 DM
und nicht (wie in **19.4.1** berechnet) 12 500 DM.

19.4.4 Berechnung der Zinseszinsen

von 12 340,54 DM bei 5% in 4 Jahren:

```
12 340,54
   617,03
12 957,57
   647,88
13 605,45
   680,27
14 285,72
   714,29
15 000,01
```

In der Tat hat der Gläubiger zum Fälligkeitstermin seine Forderung von 15 000 DM.

---
* 15 000 : 1,05 → 14 285,71 : 1,05 usw.; vergleiche Aufgabe **182**: dort wurde bei 10%iger Verzinsung mit 1,1 multipliziert.

20 Terminrechnung

20.1 Begriffe

Herr Glaser (Gläubiger) hat Herrn Sauer (Schuldner) einen Betrag von 2 000 DM (= Schuldsumme) geliehen, der in vierteljährlichen Raten von 500 DM zurückgezahlt werden soll. Wurde die Schuldurkunde am 15. 2. ausgestellt, so sind die einzelnen Raten am 15. 5., am 15. 8., am 15. 11. und am 15. 2. des nächsten Jahres fällig (= Zahlungstermine).

Wenn der Schuldner die ganze Schuld in *einer* Rate abtragen will, so wird ein „mittlerer Zahlungstermin" errechnet derart, daß weder der Gläubiger noch der Schuldner einen Nachteil durch Zinsverlust haben.

In der Terminrechnung kommen mehrere Größen vor:

die Schuldsumme (s),
zwei oder mehr Raten ($r_1, r_2 \cdots$), die gleich oder verschieden sein können,
zwei oder mehr Zahlungstermine ($t_1, t_2 \cdots$),
der mittlere Zahlungstermin (t_0).

Je nachdem, welche Größen gesucht sind, können verschiedene Aufgaben gestellt werden.

20.2 Der mittlere Zahlungstermin (t_0) wird gesucht

20.2.1 Die Raten (r) sind gleich

205 Eine Schuld $s = 8\,000$ DM soll in 4 gleichen Raten, die nach 4, 5, 8 und 11 Monaten fällig sind, abgetragen werden. Nach wieviel Monaten (t_0) kann der Schuldner den Gesamtbetrag auf einmal bezahlen, ohne daß dem Schuldner und dem Gläubiger ein Zinsverlust entsteht?

Trägt der Schuldner die Schuld wie vereinbart ab, so kann er *vor* den einzelnen Zahlungen je 2 000 DM noch $4 + 5 + 8 + 11 = 28$ Monate auf Zinsen legen:

2 000 DM bringen in 28 Monaten dieselben Zinsen
wie   8 000 DM   in t_0 Monaten

$$t_0 = 7 \text{ Monate}$$

Die ganze Schuld kann nach 7 Monaten zurückbezahlt werden.

Probe (bei 6% Zinsen): $z = \dfrac{k \cdot m \cdot p}{1\,200} = \dfrac{k \cdot m \cdot 6}{1\,200} = \dfrac{k}{100} \cdot \dfrac{m}{2}$

(1) für den Schuldner:

Zinsen, die der Schuldner bekommt, wenn er ratenweise bezahlt:

$$z = 20 \cdot \frac{28}{2} = 280 \text{ DM}$$

Zinsen, die der Schuldner bekommt, wenn er die Gesamtschuld nach 7 Monaten bezahlt:

$$z = 80 \cdot \frac{7}{2} = 280 \text{ DM}$$

Der Schuldner erleidet keinen Zinsverlust.

(2) für den Gläubiger:

Der Gläubiger kann bei Ratenzahlung die jeweils 2 000 DM noch 7, 6, 3 und 0 Monate (= 16 Monate) verzinsen und bekommt dann

$$z = 20 \cdot \frac{16}{2} = 160 \text{ DM}$$

Werden die 8 000 DM nach 7 Monaten zurückbezahlt, so kann sie der Gläubiger noch 4 Monate verzinsen:

$$z = 80 \cdot \frac{4}{2} = 160 \text{ DM}$$

Auch der Gläubiger erleidet keinen Zinsverlust.

Gesamtprobe: Bliebe das Geld in *einer* Hand, so bekäme man von 8 000 DM in 11 Monaten

$$80 \cdot \frac{11}{2} = 440 \text{ DM Zinsen } (= 280 + 160 \text{ DM})$$

Bemerkung: Die Probe kann man natürlich auch für jeden anderen Zinsfuß machen. Am einfachsten rechnet man mit 1%.

206 Eine Schuld von 7 200 DM ist in 5 gleichen Raten nach 3, 4, 5, 8 und 10 Monaten fällig. Berechne den mittleren Zahlungstermin.

Der Schuldner kann 1 440 DM noch $3 + 4 + 5 + 8 + 10 = 30$ Monate verzinsen. Er bekommt die gleichen Zinsen, wenn er 7 200 DM t_0 Monate auf Zinsen legt. Ergebnis: $t_0 = $ **6 Monate**.

Probe (bei 1%): $z = \frac{k}{100} \cdot \frac{m}{12}$

für den Schuldner:	für den Gläubiger:
$\frac{72}{5} \cdot \frac{30}{12} = 36$ DM Zs.	$\frac{72}{5} \cdot \frac{7+6+5+2+0}{12} = \frac{72}{5} \cdot \frac{20}{12} = 24$ DM Zs.
$72 \cdot \frac{6}{12} = 36$ DM Zs.	$72 \cdot \frac{4}{12} = 24$ DM Zs.

Gesamtprobe: $72 \cdot \frac{10}{12} = 60$ DM Zinsen (= 36 DM + 24 DM)

Bemerkung: Aus beiden Aufgaben erkennen wir, daß der mittlere Zahlungstermin bei gleichen Raten der Mittelwert der einzelnen Termine ist.

Zu **205**: $t_0 = \frac{4+5+8+11}{4} = 7$;   zu **206**: $t_0 = \frac{3+4+5+8+10}{5} = 6$

20.2.2 Die Raten sind verschieden

207 Eine Schuld von 3 000 DM soll wie folgt zurückbezahlt werden: 1200 DM nach 6 Monaten, 700 DM nach 7 Monaten, 600 DM nach 9 Monaten und 500 DM nach 11 Monaten. Nach wieviel Monaten kann die Schuld auf einmal abgetragen werden?

Der Schuldner kann verzinsen:

1 200 DM noch 6 Monate $\triangleq$	7 200 DM noch 1 Monat
700 DM noch 7 Monate $\triangleq$	4 900 DM noch 1 Monat
600 DM noch 9 Monate $\triangleq$	5 400 DM noch 1 Monat
500 DM noch 11 Monate $\triangleq$	5 500 DM noch 1 Monat
	23 000 DM noch 1 Monat

23 000 DM bringen in 1 Monat ebensoviel Zinsen wie
3 000 DM in $\frac{23}{3}$ Monaten.

$$t_o = 7\frac{2}{3} \text{ Monate}$$

Probe (wie in Aufgabe 205) bei 6%:

für den Schuldner 115 DM; für den Gläubiger 50 DM;
Zinsen von 3 000 DM bei 6% in 11 Monaten:

$$z = \frac{30 \cdot 6 \cdot 11}{12} = 165 \text{ DM } (= 115 \text{ DM} + 50 \text{ DM})$$

208 Eine Schuld von 1 500 DM wird wie folgt abgetragen: 600 DM nach 4 Monaten, 500 DM nach 5 Monaten und 400 DM nach 6 Monaten. Gib den mittleren Zahlungstermin an.

Entsprechend wie in Aufgabe **207** findet man: Der Schuldner kann 7 300 DM noch 1 Monat verzinsen und erhält von 1 500 DM die gleichen Zinsen in $\frac{73}{15} = 4\frac{13}{15}$ Monaten.

$$t_0 = 4 \text{ Monate } 26 \text{ Tage} \approx 5 \text{ Monate}$$

Probe: (bei 3%) für Schuldner 18,25 DM; für Gläubiger 4,25 DM.
Zinsen von 1 500 DM in 6 Monaten $z = 22{,}50$ DM.

20.3 Eine Rate und die Schuldsumme werden gesucht

209 Eine Schuld ist nach $t_0 = 8$ Monaten fällig. Der Schuldner bezahlt $r_1 = 500$ DM nach $t_1 = 5$ Monaten, den Rest (r_2) nach $t_2 = 9$ Monaten. Berechne die zweite Rate (r_2) und die Schuldsumme (s).

Da der Schuldner 500 DM 3 Monate *vor* dem Termin bezahlt, hat er einen Zinsverlust. Da der Gläubiger den Rest der Schuld (r_2) 1 Monat *nach* dem Termin bekommt, so erleidet er auch einen Zinsverlust. Beide Zinsverluste müssen gleich sein.

Die Zinsen von 500 DM in 3 Monaten sind so groß wie die Zinsen von r_2 DM in 1 Monat; also

$$r_2 = 1\,500 \text{ DM}; \quad s = 2\,000 \text{ DM}$$

210 Von einer nach $t_0 = 7$ Monaten fälligen Schuld (s) wird nach 2 Monaten die erste Rate (r_1) und nach 10 Monaten die zweite Rate $r_2 = 1\,000$ DM bezahlt. Wie groß sind r_1 und s?

$r_2 = 1\,000$ DM wurden 3 Monate nach dem Termin bezahlt
r_1 DM wurden 5 Monate vor dem Termin bezahlt

$$r_1 = 600 \text{ DM}; \quad s = 1\,600 \text{ DM}$$

20.4 Der Fälligkeitstermin einer Rate wird gesucht

211 Eine Schuld von 1 500 DM ist nach 7 Monaten fällig. Bereits nach $t_1 = 5$ Monaten werden $r_1 = 1\,000$ DM zurückbezahlt. Nach wieviel Monaten (t_2) ist die zweite Rate fällig?

Die erste Rate wurde 2 Monate vor dem Termin bezahlt;
die zweite Rate ist x Monate nach dem Termin fällig.

Schuldner verliert die Zinsen von 1 000 DM für 2 Monate
Gläubiger verliert die Zinsen von   500 DM für x Monate

$$x = 4 \text{ Monate}$$

Die zweite Rate ist erst nach **11 Monaten** fällig.

212 Von einer nach 15 Monaten fälligen Schuld werden 4 000 DM vor dem Termin, die restlichen 1 000 DM erst nach 17 Monaten abgetragen. Wann wurde die erste Rate bezahlt?

Sie wurde x Monate vor dem Termin bezahlt.

Schuldner hat Zinsgewinn von 1 000 DM für 2 Monate
Gläubiger hat Zinsgewinn von 4 000 DM für x Monate

$$x = \frac{1}{2} \text{ Monat}$$

Die erste Rate wurde nach $14\frac{1}{2}$ **Monaten** bezahlt.

20.5 Beide Raten werden gesucht

213 Eine Schuld von 1 600 DM ist nach 5 Monaten fällig. Der Schuldner begleicht seine Schuld in 2 Raten nach 2 bzw. 6 Monaten. Wie groß groß waren beide Raten?

r_1 wurde 3 Monate vor dem Termin gezahlt
r_2 wurde 1 Monat nach dem Termin gezahlt

gleiche Zinsen von $\begin{cases} r_1 \text{ in 3 Monaten} \\ r_2 \text{ in 1 Monat} \end{cases}$

r_2 ist 3mal so groß wie r_1; oder
r_1 ist $\frac{1}{4}$ der Schuld, r_2 ist $\frac{3}{4}$ der Schuld.

$$r_1 = 400 \text{ DM}; \quad r_2 = 1\,200 \text{ DM}$$

Probe (bei 1%): Sowohl der Schuldner als auch der Gläubiger haben 1 DM Zinsverlust.

214 Eine nach 5 Monaten fällige Schuld $s = 1\,500$ DM wurde in 2 Raten nach 2 bzw. 7 Monaten abgetragen. Berechne beide Raten.

r_1 : 3 Monate vor dem Termin $\Big\}$ gleiche Zinsen
r_2 : 2 Monate nach dem Termin
$r_1 = 2$ Teile, $r_2 = 3$ Teile, $s = 5$ Teile

$$r_1 = 600 \text{ DM}; \quad r_2 = 900 \text{ DM}$$

Probe (bei 1%): Schuldner und Gläubiger haben einen Zinsverlust von 1,50 DM.

DURCHSCHNITTS- UND MISCHUNGSRECHNUNG

21 Durchschnittsrechnung

21.1 Der Durchschnittspreis mehrerer Sorten wird gesucht

21.1.1 bei gleichen Mengen

215 Zur Einmachzeit kaufte die Mutter zweimal je 15 kg Äpfel zu 1,48 DM bzw. zu 1,24 DM das Kilo. Wie hoch war der Durchschnittspreis?

15 kg zu 1,48 DM kosten 22,20 DM
15 kg zu 1,24 DM kosten 18,60 DM

30 kg   kosten 40,80 DM
1 kg   kostet **1,36 DM** im Durchschnitt

Da es sich um gleiche Mengen handelt, können wir kürzer rechnen:

1 kg kostet 1,48 DM
1 kg kostet 1,24 DM

2 kg kosten 2,72 DM
1 kg kostet 1,36 DM im Durchschnitt

216 Der Vater hat von 4 Sorten Wein je 5 Flaschen bestellt, die Flasche zu 4,95 DM, 3,70 DM, 3,25 DM und 2,90 DM. Was kostete 1 Flasche im Durchschnitt?

Je 1 Flasche der 4 Sorten kosteten zusammen 14,80 DM.

Der Durchschnittspreis ist also $\frac{14,80}{4} =$ **3,70 DM.**

Regel: Zur Berechnung des Durchschnittspreises von gleichen Mengen mehrerer Sorten addiert man die Sortenpreise und dividiert ihre Summe durch die Anzahl der Sorten.

Formel für 3 Sorten mit den Sortenpreisen p_1, p_2, p_3:

(9)   Durchschnittspreis   allgemein:

$$p_0 = \frac{p_1 + p_2 + p_3}{3} \qquad p_0 = \frac{\text{Summe aller Sortenpreise}}{\text{Anzahl der Sorten}}$$

21.1.2 bei ungleichen Mengen

217 Zur Einmachzeit hat die Mutter 15 kg Johannisbeeren zu 1,28 DM und in der nächsten Woche 25 kg zu 1,52 DM gekauft. Was hat sie im Durchschnitt für 1 kg bezahlt?

15 kg zu 1,28 DM kosten 19,20 DM
25 kg zu 1,52 DM kosten 38,00 DM

40 kg   kosten 57,20 DM
1 kg   kostet **1,43 DM** im Durchschnitt

Beobachtung. Der Durchschnittspreis liegt näher bei dem Sortenpreis derjenigen Sorte, von der die größere Menge vorhanden ist:

15 kg zu 1,28 DM ⎫ 1,43 DM ⎧ 0,15 DM unter Durchschnitt
25 kg zu 1,52 DM ⎭   ⎩ 0,09 DM über Durchschnitt

218 Ein Gasthof hat dreimal Fleisch bezogen:

18 kg zu 12,50 DM kosten 225 DM
15 kg zu 12,60 DM kosten 189 DM
27 kg zu 12,00 DM kosten 324 DM
_____
60 kg   kosten 738 DM
1 kg   kostet **12,30 DM** im Durchschnitt

219 Eine Weinhandlung bietet eine Kiste Wein verschiedener Sorten an. Berechne den Durchschnittspreis je Flasche.

12 Flaschen Rheinwein zu 5,45 DM kosten 65,40 DM
10 Flaschen Moselwein zu 5,75 DM kosten 57,50 DM
 5 Flaschen Rotwein   zu 6,20 DM kosten 31,00 DM
 3 Flaschen Südwein   zu 6,60 DM kosten 19,80 DM
_____
30 Flaschen   kosten 173,70 DM
 1 Flasche   kostet **5,79 DM** im Durchschnitt

Regel: Bei der Berechnung des Durchschnittspreises (p_0) von ungleichen Mengen mehrerer Sorten berechnet man zuerst den Preis jeder Sorte (Menge × Sortenpreis) und dividiert dann die Summe aller Preise durch die Gesamtmenge.

(10) $$p_0 = \frac{\text{Summe aller } m \cdot p}{\text{Summe aller } m}$$

21.1.3 Zusammenstellung der Ergebnisse der Aufgaben **217** bis **219**

Aufg.	Menge	wirkl. Preis	Durchschnitt	Der wirkliche Preis liegt	
217	15	19,20	15 · 1,43 = 21,45	2,25 DM unter	
	25	38,00	25 · 1,43 = 35,75	2,25 DM über	
218	18	22,50	18 · 1,23 = 22,14	⎧ 0,36 DM über	
	15	18,90	15 · 1,23 = 18,45	⎩ 0,45 DM über	dem Durchschnitt
	27	32,40	27 · 1,23 = 33,21	0,81 DM unter	
219	12	65,40	12 · 5,79 = 69,48	⎧ 4,08 DM unter	
	10	57,50	10 · 5,79 = 57,90	⎩ 0,40 DM unter	
	5	31,00	5 · 5,79 = 28,95	⎧ 2,05 DM über	
	3	19,80	3 · 5,79 = 17,37	⎩ 2,43 DM über	

21.1.4 Neue Art der Berechnung

Aus der vorstehenden Übersicht erkennen wir, daß die Beträge unter und über dem Durchschnitt *gleich* sind. Auf diese Tatsache gründen wir eine neue Berechnungsart (siehe **21.2** bis **21.4**).

21.1.5 Durchschnittsgeschwindigkeit

220 Ein Autofahrer legte eine 72,5 km lange Strecke mit verschiedenen Geschwindigkeiten zurück. Man berechne die Durchschnittsgeschwindigkeit.

	Teilstrecke (km)	Geschwindigkeit (km/h)	Zeit
I	14	70	$\frac{14}{70} = \frac{1}{5}$ Std. = 12 Min.
II	24	96	$\frac{24}{96} = \frac{1}{4}$ Std. = 15 Min.
III	34,5	90	$\frac{34,5}{90} = \frac{11,5}{30}$ Std. = 23 Min.
zus.	72,5	—	50 Min.

In 50 Minuten —— 72,5 km
in 60 Minuten —— 87 km

Die Durchschnittsgeschwindigkeit betrug **87 km/h**.

Probe: Bei 87 km/h hätte der Autofahrer für die Strecke I

$\frac{14}{87}$ Std. = $\frac{840}{87}$ Min. = 9,66 Min. gebraucht.

Strecke	Zeit bei 87 km/h (Min.)	wirkliche Zeit (Min.)	Differenz (Min.)
I	9,66	12	+ 2,34
II	16,55	15	− 1,55
III	23,79	23	− 0,79

21.2 Der Preis der zweiten Sorte wird gesucht

221 Herr Müller kaufte 3 Flaschen Wein zu 3,65 DM und 5 Flaschen einer billigeren Sorte. Im Durchschnitt stellte sich 1 Flasche auf 3,40 DM. Wie teuer war die zweite Sorte?

Erste Art: 3 Flaschen zu 3,65 DM kosten 10,95 DM
$3 + 5 = $ 8 Flaschen zu 3,40 DM kosten 27,20 DM
——————————————————————
5 Flaschen der 2. Sorte kosten 16,25 DM
1 Flasche der 2. Sorte kostet **3,25 DM**

Zweite Art: 3 Fl. zu 3,65 DM ⎫ 3,40 DM ⎧ 0,25 DM über dem Durchschnitt
            5 Fl. zu ☐ DM ⎭   ⎩ x DM unter dem Durchschnitt

Die 3 Fl. mit 0,25 DM über dem D. kosten 0,75 DM über dem D.
die 5 Fl. mit x DM unter dem D. kosten 0,75 DM unter dem D.

Aus $5x = 0,75$ wird $x = 0,15$

Die 2. Sorte kostet 0,15 DM unter dem Durchschnitt, also **3,25 DM**.

222 Frau Schulz kauft 6 m Band zu 65 Pf und 5 m eines teureren Bandes. Durchschnittlich hat sie 70 Pf für 1 m bezahlt.

$$\left.\begin{array}{l}\text{6 m zu 65 Pf}\\ \text{5 m zu } \square \text{ Pf}\end{array}\right\} 70 \text{ Pf} \left\{\begin{array}{l}\text{5 Pf unter Durchschnitt} \quad 6\cdot 5 = 30\\ x \text{ Pf über Durchschnitt} \quad 5\cdot x = 30\end{array}\right.$$

$$x = 6$$

Das teurere Band kostet 6 Pf über dem Durchschnitt, also **76 Pf**.

21.3 Die Menge der zweiten Sorte wird gesucht

223 Herr Schäfer kauft 18 Flaschen Apfelsaft zu 1,95 DM. Wieviel Flaschen zu 1,80 DM hat er außerdem gekauft, wenn sich 1 Flasche durchschnittlich auf 1,86 DM stellt?

Ergebnis: Von der zweiten Sorte hat er **27 Flaschen** gekauft.

Probe: $18 \cdot 1,95 + 27 \cdot 1,80 = 45 \cdot 1,86$
   $35,10 \; + \; 48,60 \; = \; 83,70$

224 Ein Schneider kaufte 7 m Stoff zu 26,50 DM und danach noch eine gewisse Menge zu 18,25 DM. Im Durchschnitt hat er 23,50 DM je Meter bezahlt.

Ergebnis: Das zweite Mal hat er **4 m** Stoff gekauft.

Probe: $7 \cdot 26,50 + 4 \cdot 18,25 = 11 \cdot 23,50$
   $185,50 \; + \; 73,00 \; = \; 258,50$

21.4 Die Mengen beider Sorten werden gesucht

225 Die Mutter hat $m = 21$ kg Obst für 25,20 DM gekauft, von denen ein Teil 1,08 DM/kg und der Rest 1,50 DM/kg gekostet hat. Wieviel Kilo waren es von jeder Sorte?

1 kg kostete im Durchschnitt $\frac{25,20}{21} = 1,20$ DM

$$\left.\begin{array}{ll}\text{(I)} & 1,08 \text{ DM}\\ \text{(II)} & 1,50 \text{ DM}\end{array}\right\} 1,20 \text{ DM} \left\{\begin{array}{l}\text{12 Pf unter dem Durchschnitt (D)}\\ \text{30 Pf über dem Durchschnitt (D)}\end{array}\right.$$

Die Menge m_1 von (I) mit 12 Pf unter D. kostet $12 \cdot m_1$ unter D,
die Menge m_2 von (II) mit 30 Pf über D. kostet $30 \cdot m_2$ über D.
Beide Beträge sind gleich: $12\, m_1 = 30\, m_2$ oder $2\, m_1 = 5\, m_2$
daraus $\frac{m_1}{m_2} = \frac{5}{2}$ oder $m_1 = \frac{5}{7} m$ und $m_2 = \frac{2}{7} m$

Von (I) waren es **15 kg**, von (II) waren es **6 kg**.

226 Hans hat für 50 Briefmarken zu 50 Pf (F) und zu 80 Pf (A) insgesamt 31 DM bezahlt. Wieviel Marken (m_1 und m_2) der beiden Sorten waren es, wenn eine Marke durchschnittlich 62 Pf gekostet hat?

F: 50 Pf ⎫ 62 Pf ⎧ 12 Pf unter dem Durchschnitt
A: 80 Pf ⎭   ⎩ 18 Pf über dem Durchschnitt

Aus $\quad 12\,m_1 = 18\,m_2 \quad$ ist $\quad \frac{m_1}{m_2} = \frac{3}{2}$, also $m_1 = \frac{3}{5}\,m$ und $m_2 = \frac{2}{5}\,m$

Hans hat **30 Fünfziger** und **20 Achtziger** gekauft.

22 Mischungsrechnung

22.1 Metall- und Flüssigkeitsmischungen

Zu einem „Hauptstoff" wird ein „Zusatzstoff" gegeben. Dadurch erhält man eine „Mischung", die einen gewissen Prozentsatz des Hauptstoffes enthält:

Hauptstoff + Zusatzstoff = Mischung
$\quad a$ g $\qquad\quad z$ g $\qquad\quad m$ g
$\qquad\qquad\qquad\qquad\qquad$ mit $p\,\%$ des Hauptstoffes

22.1.1 Goldlegierungen

Als Edelmetall wird das Gold zu Münzen und Schmuck verarbeitet. Da reines Gold zu weich ist*, setzt man ihm andere Metalle zu, meistens Kupfer. Eine solche Mischung zweier Metalle heißt *Legierung*.

Jeder goldene Schmuckgegenstand trägt einen Echtheitsstempel:
(I) 750 oder (II) 585 oder (III) 333. Diese Zahlen besagen:

1 000 g der Legierung   I enthalten 750 g Gold; kurz G 750
1 000 g der Legierung II enthalten 585 g Gold; kurz G 585
1 000 g der Legierung III enthalten 333 g Gold; kurz G 333

Der Stempel gibt also den Goldgehalt in Promille an.

Früher wurde der Goldgehalt in *Karat* angegeben; reines Gold wurde als 24-karätig bezeichnet.

Legierung   I ist 18-karätig $\left(\frac{18}{24} = \frac{3}{4} = 0{,}750\right)$

Legierung II ist 14-karätig $\left(\frac{14}{24} = \frac{7}{12} = 0{,}585\right)$

Legierung III ist 8-karätig $\left(\frac{8}{24} = \frac{1}{3} = 0{,}333\right)$

22.1.2 Bronze

Schon in der Vorzeit wurde die Bronze zur Herstellung von Waffen und Schmuck benutzt. Die Bronze der Bronzezeit (1 900 bis 650 v. Chr.) war eine Legierung von 94 % Kupfer + 6 % Zinn. Je nach den Eigenschaften, die man

---

* Gold läßt sich zu Blattgold von nur $\frac{1}{10000}$ mm Dicke ausschlagen. Bei einer Fläche von 5 cm × 4 cm hat ein Block von 100 000 Folien eine Höhe von 1 cm (Abb. 27).

von der Bronze verlangt, legiert man heute die beiden Metalle in verschiedenen Verhältnissen:

Glockenbronze: 77 % Kupfer + 23 % Zinn (kurz B 77)
Geschützbronze: 88 % Kupfer + 12 % Zinn (kurz B 88)

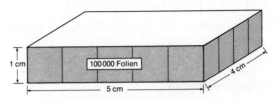

Abb. 27. 100 000 übereinanderliegende Goldfolien

22.2 Aufgaben

227 Wieviel Gold (Au) und Kupfer (Cu*) muß man legieren, wenn man 60 g G 585 herstellen will?

Für 1 000 g G 585 braucht man 585 g Gold
für 60 g G 585 braucht man 35,1 g Gold

Man muß **35,1 g** Au und **24,9 g** Cu legieren.

Probe: $60 \cdot 0{,}585 = 35{,}1$.

228 Ein Goldschmied legiert 45 g Gold mit 30 g Kupfer. Welchen Goldgehalt hat die Legierung?

75 g Legierung enthalten 45 g Gold
1 000 g Legierung enthalten 600 g Gold

Es handelt sich um die Legierung **G 600**.

Bemerkung: Ebenso schnell führt die folgende Überlegung zum Ziel:

3 Teile Au + 2 Teile Cu = 5 Teile Legierung
5 Teile Legierung enthalten 3 Teile Au
1 000 Teile Legierung enthalten 600 Teile Au

229 Mit wieviel Kupfer muß man 18 g Gold legieren, um die Legierung G 480 zu erhalten?

Schätze: Für G 500 braucht man 18 g Cu, für G 480 also mehr Kupfer.

Ergebnis: Man braucht **19,5 g** Kupfer.

230 Wieviel Kilo Kupfer und Zinn wurden zur Herstellung der 500 Zentner schweren „Deutschen Glocke" des Kölner Domes verbraucht?

$m = 25\,000$ kg; $p = 77\,\%$, also $a = 250 \cdot 77 = 19\,250$ kg Cu

Es wurden **19 250 kg** Kupfer und **5 750 kg** Zinn verbraucht.

---

* Au, von *lat.* aurum, und Cu, von *lat.* cuprum, sind die in der Chemie üblichen Abkürzungen für die beiden Metalle.

231 Aus wieviel Prozent Kupfer und Zinn besteht die 342 Zentner ($m = 17\,100$ kg) schwere Glocke von Notre Dame in Paris, wenn sie $a = 13\,300$ kg Kupfer enthält?

$$p = \frac{13\,300}{171} = \frac{700}{9} \approx 78\,\%$$

Die Glocke enthält **78 %** Kupfer und **22 %** Zinn.

232 Wieviel Zentner wiegt die große Glocke der Peterskirche in Rom, zu der 292 Zentner Kupfer benötigt wurden?

$$z = 292 \text{ Ztr.;} \quad p = 77\,\%, \text{ daraus } \quad a = \frac{29\,200}{77} \approx \textbf{379 Ztr.}$$

233 Welches Gewicht hat die Glocke im Stefansdom zu Wien, wenn für sie 4 071 kg Zinn verbraucht wurden?

$$23\,\% = 4\,071 \text{ kg Zinn}$$
$$100\,\% = 17\,700 \text{ kg Zinn}$$

Die Glocke wiegt **354 Zentner.**

234 Wieviel Kilo Kupfer und Zinn wurden für ein Haubitzenrohr von 2 780 kg Gewicht benötigt?

$m = 2\,780$ kg; $p = 88\,\%$; also $a = 27{,}8 \cdot 88 = 2\,446$ kg Kupfer

Es wurden **2 446 kg** Kupfer und **334 kg** Zinn benötigt.

235 Berechne die prozentuale Zusammensetzung eines Kanonenrohres, das $7\frac{1}{2}$ mal so viel Kupfer wie Zinn enthält.

$a = 7{,}5; z = 1;$ also $m = 8{,}5;$ daraus $p = \frac{750}{8{,}5} = 88{,}24\,\%$ Cu

Die Kanonenbronze besteht aus **88,2 %** Kupfer und **11,8 %** Zinn.

22.3 Mischung von Mischungen

22.3.1

Aus zwei verschiedenen Mischungen wird eine neue Mischung hergestellt:

Mischung I	+	Mischung II	=	neue Mischung
m_1 g von $p_1\,\%$		m_2 g von $p_2\,\%$		m g von $p_0\,\%$

236 Ein Goldschmied hat noch 10 g der Legierung G 750 und 15 g der Legierung G 333. Welchen Goldgehalt hat die Legierung, die er durch Zusammenschmelzen der beiden Legierungen erhält?

10 g G 750	enthalten	7,5 g Au
15 g G 333	enthalten	5 g Au
25 g neue Legierung	enthalten	12,5 g Au

Er erhält die Legierung **G 500.**

237 Welchen Goldgehalt hat die Legierung aus 21 g G 900 und 29 g G 480? Es handelt sich um die Legierung **G 656**.

Probe: $21 \cdot 0{,}9 + 29 \cdot 0{,}48 = 50 \cdot 0{,}656$; $18{,}90 + 13{,}92 = 32{,}82$.

Formel

m_1	g Legierung von $p_1\%$ enthalten	$m_1 \cdot p_1$	g Au
m_2	g Legierung von $p_2\%$ enthalten	$m_2 \cdot p_2$	g Au
$m_1 + m_2$	g Legierung von $p_0\%$ enthalten	$m_1 \cdot p_1 + m_2 \cdot p_2$	g Au
1	g Legierung von $p_0\%$ enthält	$\dfrac{m_1 \cdot p_1 + m_2 \cdot p_2}{m_1 + m_2}$	g Au

(11) $$\text{Goldgehalt } p_0 = \frac{m_1 \cdot p_1 + m_2 \cdot p_2}{m_1 + m_2} \;{}^*$$

22.3.2

Zu einer Mischung wird eine gewisse Menge des Hauptstoffes bzw. des Zusatzstoffes gegeben, wodurch eine neue Mischung mit höherem bzw. geringerem Gehalt des Hauptstoffes entsteht.

Mischung I	+	Hauptstoff	=	neue Mischung
m_1 g von $p_1\%$		a g von 100%		m g von $p_0\%$
Mischung I	+	Zusatzstoff	=	neue Mischung
m_1 g von $p_1\%$		z g von 0%		m g von $p_0\%$

Wir bezeichnen	als Hauptstoff	als Zusatzstoff
bei Au-Cu-Legierungen	das Gold	das Kupfer
bei verdünntem Alkohol	den Alkohol	das Wasser
bei Solen	das Salz	das Wasser

238 Ein Goldschmied legiert $m_1 = 36$ g G 750 mit $z = 45$ g Kupfer. Welchen Goldgehalt hat die neue Legierung?

36 g G 750 enthalten	27 g Au
$36 + 45 = 81$ g neue Legierung enthalten ebenfalls	27 g Au

Die 81 g der neuen Legierung enthalten $\frac{1}{3}$ Gold; man erhält **G 333**.

239 Welchen Goldgehalt hat die Legierung, die aus $m_1 = 4$ g G 585 und $a = 3$ g Gold hergestellt wurde?

Es handelt sich um die Legierung **G 763**.

240 Wieviel Prozent Kupfer hat die Bronze, die man durch Legieren von 12 Teilen Glockenbronze (B 77) mit 11 Teilen Kupfer erhält?

12 kg B 77 enthalten	9,24 kg Cu
$12 + 11 = 23$ kg neue Legierung enthalten	20,24 kg Cu
100 kg neue Legierung enthalten	88 kg Cu

Man erhält die Bronze **B 88** (= Geschützbronze).

---

* Vergleiche damit die ähnlich gebaute Formel (10) in **21.1.2**.

241 Wieviel Prozent Essigsäure hat der Essig, den die Mutter in der Küche verwendet, wenn sie 25 g 80%ige Essigessenz mit Wasser auf $\frac{1}{2}$ Liter verdünnt?

    25 g Essenz   enthalten 20 g Essigsäure
500 g verdünnter Essig enthalten 20 g Essigsäure
100 g verdünnter Essig enthalten   4 g Essigsäure

Die Mutter verwendet **4%igen Essig**.

22.4 Der Gehalt der zweiten Mischung wird gesucht

242 Ein Goldschmied legiert 7 g G 750 mit 9 g einer Legierung von unbekanntem Gehalt und erhält die Legierung G 585.

$7 + 9 = 16$ g G 585 enthalten 9,36 g Au
         7 g G 750 enthalten 5,25 g Au
         9 g G ?   enthalten 4,11 g Au
         1 g G ?   enthält   0,457 g Au

Er hat die Legierung **G 457** genommen.

243 Es wurden 25 g Kupfer mit 15 g einer unbekannten Goldlegierung zusammengeschmolzen; dabei erhielt man die Legierung G 333.

Ergebnis: Es handelt sich um die Legierung **G 889**.

Probe: $15 \cdot 889 = 40 \cdot 333$; $13\,335 \approx 13\,320$.

Sole. Das salzhaltige Wasser, das an zahlreichen Orten (Wiesbaden, Nauheim, Kreuznach u. a.) aus der Erde hervortritt, wird als Sole bezeichnet. Eine 5%ige Sole enthält 5 g Salz in 100 g Wasser.

244 Aus 25 t 8%iger Sole werden 15 t Wasser im Gradierwerk verdunstet. Wie hoch ist dann der Salzgehalt?

               25 t natürliche Sole enthalten   2 t Salz
$25 - 15 =$ 10 t Endsole   enthalten   2 t Salz
           100 t Endsole   enthalten 20 t Salz

Die Endsole ist **20%ig**.

245 Um eine 25%ige Sole zu gewinnen, wurden in 150 kg verdünnte Sole von unbekanntem Gehalt noch 40 kg Salz gelöst.

$150 + 40 = 190$ kg Endsole   enthalten $190:4$ = 47,5 kg Salz
         150 kg ursprüngl. Sole enthalten $47,5 - 40 =$ 7,5 kg Salz
         100 kg ursprüngl. Sole enthalten   5 kg Salz

Die ursprüngliche Sole hatte **5%** Salzgehalt.

246 Wenn man 25 g Gold mit 45 g einer Goldlegierung von unbekanntem Gehalt legiert, erhält man die Legierung G 550.

$$25 + 45 = 70 \text{ g G } 550 \quad \text{enthalten} \quad 38{,}5 \text{ g Au}$$
$$45 \text{ g unbekannte Legierung enthalten } 38{,}5 - 25 = 13{,}5 \text{ g Au}$$
$$1 \text{ g unbekannte Legierung enthält} \quad 0{,}3 \text{ g Au}$$

Es handelt sich um die Legierung **G 300**.

22.5 Die Menge der zweiten Mischung wird gesucht

247 Um die Legierung G 750 herzustellen, wurden 27 g G 900 mit einer gewissen Menge G 333 legiert (x).

$$\left.\begin{array}{l}\text{G 900}\\\text{G 333}\end{array}\right\} \text{G 750} \left\{\begin{array}{l}150 \text{ über Durchschnitt} \triangleq 27 \text{ g}\\417 \text{ unter Durchschnitt} \triangleq x \text{ g}\end{array}\right.$$

27 g G 900 enthalten $27 \cdot 0{,}150 = 4{,}05$ g Au über Durchschnitt
x g G 333 enthalten $x \cdot 0{,}417 = 4{,}05$ g Au unter Durchschnitt

$$x = \frac{4{,}05}{0{,}417} = \mathbf{9{,}71 \text{ g G } 333}.$$

248 Wieviel Zentner Glockenbronze B 77 (x) müßte man mit 55 Ztr. Kupfer legieren, um daraus Geschützbronze (B 88) herzustellen?

$$\left.\begin{array}{l}\text{B 77}\\\text{Kupfer} = \text{B 100}\end{array}\right\} \text{B 88} \left\{\begin{array}{l}11 \text{ unter Durchschnitt} \triangleq x \text{ Ztr.}\\12 \text{ über Durchschnitt} \triangleq 55 \text{ Ztr.}\end{array}\right.$$

Ergebnis: $x = \frac{6{,}6}{0{,}11} = \mathbf{60 \text{ Ztr. B } 77}.$

249 Wieviel Gramm reinen Alkohol (x) muß man zu 600 g 20%igem Spiritus geben, wenn man 75%igen Spiritus braucht?

$$\left.\begin{array}{l}\text{A 20}\\\text{Alkohol} = \text{A 100}\end{array}\right\} \text{A 75} \left\{\begin{array}{l}55 \text{ unter Durchschnitt} \triangleq 600 \text{ g}\\25 \text{ über Durchschnitt} \triangleq x \text{ g}\end{array}\right.$$

$$600 \cdot 0{,}55 = x \cdot 0{,}25$$
$$330 = 0{,}25x$$
$$x = 1\,320$$

Man muß **1 320 g** reinen Alkohol zugeben.

250 Wieviel Tonnen 6%ige Sole wurden eingedampft, wenn nach dem Verdampfen von 28 t Wasser eine 30%ige Sole entstanden ist?

6 t Salz sind enthalten in 100 t S 6 bzw. in 20 t S 30.

$$100 - 20 = 80 \text{ t Wasser müssen aus} \quad 100 \text{ t S 6 verdampft werden}$$
$$28 \text{ t Wasser müssen aus } \frac{2800}{80} = 35 \text{ t S 6 verdampft werden}$$

Es wurden **35 t** 6%ige Sole eingedampft.

251 Mit wieviel Gramm Wasser (x) muß man 30 g 96%ige Schwefelsäure verdünnen, um eine 25%ige Säure zu bereiten?

$$\left.\begin{array}{l}\text{S 96}\\\text{Wasser} = \text{S 0}\end{array}\right\} \text{S 25} \left\{\begin{array}{l}71 \text{ über Durchschnitt} \triangleq 30 \text{ g}\\25 \text{ unter Durchschnitt} \triangleq x \text{ g}\end{array}\right.$$

$$30 \cdot 0{,}71 = x \cdot 0{,}25, \quad \text{also} \quad x = \frac{21{,}3}{0{,}25} = 85{,}2$$

Man muß mit **85,2 g** Wasser verdünnen.

22.6 Die Mengen beider Mischungen werden gesucht

252 Wieviel Gramm G 333 und G 750 muß man legieren, um 35 g G 585 herzustellen?

$$\left.\begin{array}{l}\text{G 333}\\ \text{G 750}\end{array}\right\} \text{G 585} \left\{\begin{array}{l}\text{252 unter Durchschnitt} = 165 \text{ g}\\ \text{165 über Durchschnitt} = \underline{252 \text{ g}}\\ \phantom{\text{165 über Durchschnitt} = }417 \text{ g G 585}\end{array}\right.$$

Für 417 g G 585 braucht man 165 g G 333
für 35 g G 585 braucht man 14 g G 333

Man muß **14 g** G 333 mit **21 g** G 750 legieren.

253 Wieviel Gramm G 585 und Kupfer müssen legiert werden, wenn man 30 g G 333 braucht?

$$\left.\begin{array}{l}\phantom{\text{Kupfer} =}\text{G 585}\\ \text{Kupfer} = \text{G 0}\end{array}\right\} \text{G 333} \left\{\begin{array}{l}\text{252 über Durchschnitt} = 333 \text{ g bzw. 37 g*}\\ \text{333 unter Durchschnitt} = 252 \text{ g bzw. 28 g}\end{array}\right.$$

Für 65 g G 333 braucht man 28   g Cu
für 30 g G 333 braucht man 12,9 g Cu

Es müssen **12,9 g** Kupfer mit **17,1 g** G 585 legiert werden.

254 Um 45 g G 750 herzustellen, wird Gold zur Legierung G 585 hinzugefügt.

$$\left.\begin{array}{l}\text{G 1000}\\ \text{G 585}\end{array}\right\} \text{G 750} \left\{\begin{array}{l}\text{250 ü. D.} \triangleq 165 \text{ g bzw. 33 g}\\ \text{165 ü. D.} \triangleq 250 \text{ g bzw. 50 g}\end{array}\right.$$

Für 83 g G 750 braucht man 33   g G 1000
für 45 g G 750 braucht man 17,9 g G 1000

Ergebnis: Man muß **27,1 g** G 585 mit **17,9 g** Gold legieren.

Probe: $27{,}1 \cdot 0{,}585 + 17{,}9 = 45 \cdot 0{,}75$
  $15{,}85 + 17{,}9 = 33{,}75$

23 Dichte von Mischungen

255 Welche Dichte und welchen Goldgehalt hat eine Legierung aus 3 cm³ Gold und 7 cm³ Kupfer, wenn die beiden Metalle die Dichten 19,3 bzw. 8,9 haben?

3 cm³ Au wiegen 57,9 g	120,2 g Leg. enthalten 57,9 g Au
7 cm³ Cu wiegen 62,3 g	100 g Leg. enthalten 48,2 g Au
10 cm³ Leg. wiegen 120,2 g	Die Legierung besteht aus
Dichte ϱ = **12,02**	**48,2 %** Au und **51,8 %** Cu.

---

* Das ist der 9. Teil.

256 Man stelle eine Tabelle der Dichten und der Goldgehalte folgender Legierungen auf:

Au	10	9	8	7	6	5	4	3	2	1	0 cm³
Cu	0	1	2	3	4	5	6	7	8	9	10 cm³
ϱ	19,30	18,26	17,22	16,18	15,14	14,10	13,06	12,02	10,98	9,94	8,90*
% Au	100	95,1	89,7	83,5	76,5	68,4	59,1	48,2	35,2	19,4	0
ϱ					14,94	13,50	13,00		10,85		
% Au					75,0	63,2	58,5		33,3		

Trägt man auf der waagerechten Achse den Goldgehalt (in %) und auf der senkrechten Achse die Dichten (mit 8 beginnend) auf, so liefern zusammengehörige Wertepaare eine gekrümmte Linie (Abb. 28).

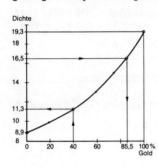

Abb. 28. Dichte von Gold-Kupferlegierungen in Abhängigkeit vom Goldgehalt

Mit Hilfe dieser Kurve kann man zu jedem Goldgehalt die Dichte und umgekehrt zu jeder Dichte den Goldgehalt ablesen.

Beispiel: 40 % Au ⟶ Dichte = 11,34
Dichte = 16,5 ⟶ 85,5 % Au

257 Welche Dichte haben die Legierungen G 750, G 585 und G 333?

G 750 enthält 3 g Au + 1 g Cu —— 3 g Au = 0,1554 cm³
1 g Cu = 0,1124 cm³
———————————
4 g G 750 = 0,2678 cm³

1 cm³ G750 wiegt $\frac{4}{0,2678}$ = **14,94 g**

Entsprechend findet man die übrigen Dichten. Sie sind im unteren Teil der Tabelle eingeschoben.

258 Welche Dichte hat die Bronze aus 6 cm³ Kupfer und 1 cm³ Zinn? Gib ihren Kupfergehalt an.

(Die Dichten beider Metalle sind 8,9 bzw 7,3)

---

* Der Unterschied der Dichten von Gold und Kupfer ist 19,3 − 8,9 = 10,4; deshalb unterscheiden sich die einzelnen Dichten um 1,04.

7 cm³ Bronze wiegen $6 \cdot 8{,}9 + 1 \cdot 7{,}3 = 60{,}7$ g

Die Dichte ist $\frac{60{,}7}{7} =$ **8,67 g/cm³**

Der Kupfergehalt ist **87,97 %** (B 88).

259 Berechne die Dichte und den Kupfergehalt einer Bronze aus 11 cm³ Kupfer und 4 cm³ Zinn.

15 cm³ Bronze wiegen 127,1 g; Dichte = **8,47 g/cm³**
Die Bronze enthält **77,03 %** Kupfer (B 77).

Regel und Formel
   Man berechnet die Dichte einer Legierung, indem man die Summe der Metallgewichte (Volumen mal Dichte) durch das Gesamtvolumen dividiert:

Dichte einer Legierung aus zwei Metallen:

(12) $$\varrho = \frac{V_1 \cdot \varrho_1 + V_2 \cdot \varrho_2}{V_1 + V_2} *$$

24 Volumen- und Gewichtsprozente

24.1 Volumenprozente

Eine Flasche mit Rum
trägt die Aufschrift

| 38 Volumen-% |

Abb. 29. Der Rum hat **38 Volumenprozent**,
aber nur **33 Gewichtsprozent**

Das bedeutet: 100 cm³ Rum enthalten 38 cm³ Alkohol (und 62 cm³ Wasser).

Wenn bisher, z. B. in der Mischungsrechnung (**22**) von Prozenten die Rede war, so handelte es sich um „Gewichtsprozente".

24.2 Beziehung zwischen Gewichts- und Volumenprozenten

Wir wollen die erwähnten 38 Vol.-% von Rum in Gew -% umrechnen. Die Dichte des reinen Alkohols ist 0,8.

$$
\begin{array}{ll}
38 \text{ cm}^3 \text{ Alkohol wiegen } 38 \cdot 0{,}8 = & 30{,}4 \text{ g} \\
62 \text{ cm}^3 \text{ Wasser wiegen} & 62 \text{ g} \\
\hline
100 \text{ cm}^3 \text{ Rum} \quad \text{wiegen} & 92{,}4 \text{ g **}
\end{array}
$$

92,4 g Rum enthalten 30,4 g Alkohol
100   g Rum enthalten 32,88 ≈ 33 g Alkohol

Der Rum hat **33 Gew.-%** Alkohol.

---
* Vergleiche hierzu die Formeln (10) und (11) in **21.1.2** und **22.3.1**.
** Von der geringen Volumenverminderung, die beim Vermischen von Alkohol mit Wasser eintritt, wollen wir hier absehen.

Da die Zahl der Gewichtsprozente kleiner ist als die Zahl der Volumenprozente, gibt man aus Werbegründen die Volumenprozente an.

24.3 Umrechnungen

260 Man berechne wie vorstehend die Gewichtsprozente von verdünntem Alkohol für 20, 38, 40, 50, 60 und 80 Volumenprozente.

Vol.-%	20	38	40	50	60	80	100
Gew.-%	16,7	32,9	34,8	44,4	54,5	76,2	100

261 Man rechne 20, 40, 50, 60, 80 Gewichtsprozente in Volumenprozente um.

20 g Alkohol	sind $\frac{20}{0,8} =$	25 cm³
80 g Wasser	sind	80 cm³
100 g verdünnter Alkohol	sind	105 cm³

105 cm³ verdünnter Alkohol enthalten 25 cm³ Alkohol
100 cm³ verdünnter Alkohol enthalten 23,8 cm³ Alkohol

Gew.-%	20	32,9	40	50	60	80	100
Vol.-%	23,8	38	45,5	55,6	65,2	83,3	100

24.4 Vergleich der Gewichts- und Volumenprozente

Aus den beiden vorstehenden Tabellen erkennen wir:

Bei Alkohol und Wasser sind die Volumenprozente größer als die Gewichtsprozente.

Dabei gilt für die Dichten von Alkohol ($\varrho_1 = 0,8$) und Wasser ($\varrho_2 = 1$):

$$\varrho_1 < \varrho_2$$

In Abb. 30 sind zusammengehörige Wertepaare von Gewichts- und Volumenprozenten in ein Millimeternetz eingetragen.

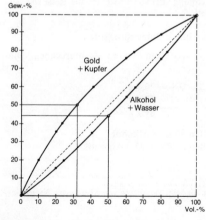

Abb. 30. Bei Alkohol + Wasser sind die Volumenprozente größer, bei Gold + Kupfer sind sie kleiner als die Gewichtsprozente

24.5 Übertragung der Betrachtungen auf Metall-Legierungen

262 Man legiert 60 g Gold mit 40 g Kupfer (Dichten 19,3 und 8,9). Die Legierung enthält 60 Gew.-% Au. Wieviel Vol.-% sind das?

$$60 \text{ g Au sind } \frac{60}{19,3} = 3,11 \text{ cm}^3$$

$$40 \text{ g Cu sind } \frac{40}{8,9} = 4,49 \text{ cm}^3$$

100 g Legierung sind 7,6 cm³

    7,6 cm³ Legierung enthalten   3,11 cm³ Au
    100   cm³ Legierung enthalten 40,9 cm³ Au

Die Legierung enthält **40,9 Vol.-% Gold**.

263 Eine Au-Cu-Legierung hat 80 Vol.-% Au. Rechne in Gew.-% um.

    80 cm³ Au sind 80 · 19,3 = 1 544 g Au
    20 cm³ Cu sind 20 · 8,9 =   178 g Cu

100 cm³ Legierung sind   1 722 g

    1 722 g Legierung enthalten 1 544 g Au
    100   g Legierung enthalten   89,6 g Au

Die Legierung hat **89,6 Gew.-% Gold**.

Aus den beiden Aufgaben erkennt man:

Bei Gold und Kupfer sind die Gewichtsprozente größer als die Volumenprozente.

Dabei gilt für die Dichten von Gold ($\varrho_1 = 19,3$) und Kupfer ($\varrho_2 = 8,9$):

$$\varrho_1 > \varrho_2$$

Durch algebraische Überlegungen läßt sich allgemein nachweisen:

Volumenprozente $\gtrless$ Gewichtsprozente, wenn $\varrho_1 \lessgtr \varrho_2$.

264 Rechne von 20 zu 20 Prozent die Gewichtsprozente von Au-Cu-Legierungen in Volumenprozente um, und umgekehrt.

Gew.-%	20	35,2	40	59,1	60	76,5	80	89,6
Vol.-%	10,3	20	23,5	40	40,9	60	64,8	80

In Abb. 30 sind die Verhältnisse für Au-Cu-Legierungen eingezeichnet.

265 **Die gefälschte Krone.** König Hieron von Syrakus (um 250 v. Chr.) wollte sich eine Krone machen lassen. Er ließ seinem Goldschmied 9 kg reines Gold übergeben mit dem Auftrag, sie mit 3 kg Kupfer zu legieren. Da der König dem Goldschmied mißtraute, beauftragte er den Gelehrten ARCHIMEDES, die fertige Krone zu untersuchen.

Die Untersuchung gründet sich auf das von ARCHIMEDES gefundene Gesetz (siehe Anhang **2.1**).

Da das verdrängte Wasser (V g) das Volumen V cm³ hat, so hat auch der eingetauchte Körper das Volumen V cm³. Mit anderen Worten: Die Maßzahl des Gewichtsverlustes ist gleich der Maßzahl des Volumens.

Aus dem Gewicht G (in Luft) und dem Volumen V erhält man die Dichte

$$\varrho = \frac{G}{V} = \frac{12000}{V} \text{ g/cm}^3,$$

aus der man auf den Goldgehalt schließen kann (vgl. Abb. 28).

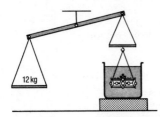 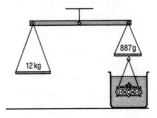

Abb. 31. Wie Archimedes die Fälschung der Krone nachgewiesen hat

Archimedes stellte folgende Überlegung an:

$$\left.\begin{array}{l} 9 \text{ kg Au sind } \frac{9000}{19,3} = 466 \text{ cm}^3 \\ 3 \text{ kg Cu sind } \frac{3000}{8,9} = 337 \text{ cm}^3 \end{array}\right\} 803 \text{ cm}^3$$

Die echte Krone hätte in Wasser einen Gewichtsverlust von 803 g und mithin die Dichte $\frac{12000}{803} = 14,94$ haben müssen.

Bei der gefertigten Krone stellte Archimedes einen Gewichtsverlust von 887 g fest, woraus sich die Dichte $\frac{12000}{887} = 13,53$ ergab, die der Legierung G 635 zukommt.

Die Krone enthielt also

$$\left.\begin{array}{l} 12 \cdot 0,635 = 7,62 \text{ kg Au} = 395 \text{ cm}^3 \\ \text{und} \quad 4,38 \text{ kg Cu} = 492 \text{ cm}^3 \end{array}\right\} 887 \text{ cm}^3$$

Mithin hatte der Goldschmied $9 - 7,62 = \mathbf{1{,}38\ kg}$ Au ($\hat{=} 15\frac{1}{3}\%$) unterschlagen.

Bei einem Goldpreis von 15,80 DM/g hatte das unterschlagene Gold einen Wert von $1{,}38 \cdot 15\,800 = \mathbf{21\,804\ DM}$.

(Der Wert der echten Krone betrug 142 200 DM).

ANHANG

Physikalische Gesetze zu den Aufgaben*

1. Das Hebelgesetz

An einem ungleicharmigen Hebel herrscht Gleichgewicht, wenn die Produkte aus Kraft mal Kraftarm und Last mal Lastarm gleich sind (Abb. 32):

$A \cdot a = B \cdot b$
$120 \cdot 20 = 160 \cdot 15 \, (= 2\,400)$

Mit anderen Worten: Die „Gewichte" A und B und die „Arme" a und b stehen im umgekehrten Verhältnis:

$A : B = b : a$
$120 : 160 = 15 : 20 \left(= \frac{3}{4}\right)$

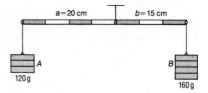

Abb. 32. Gleichgewicht am Hebel

Bei einer Balkenwaage (z. B. Apothekerwaage) sind die Hebelarme gleich; deshalb ist die Last (Ware) gleich der Kraft (Gewichtstücke).

2. Die Gesetze von ARCHIMEDES

2.1 Erstes Gesetz

Ein in Wasser getauchter Körper erfährt einen Gewichtsverlust, der gleich dem Gewicht des verdrängten Wassers ist (Abb. 33).

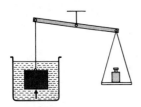

Ein Eisenwürfel von 2 cm Kantenlänge wiegt in Luft $m = 60$ g, in Wasser nur 52 g. Der Gewichtsverlust beträgt $V = 8$ g, das ist das Gewicht von $V = 8 \text{ cm}^3$ Wasser. Aus m und V kann man die Dichte (ϱ) berechnen:

$$\varrho = \frac{m}{V} = \frac{60}{8} = 7{,}5 \text{ (Eisen)}$$

Abb. 33. Erstes Archimedisches Gesetz

---

* Näheres in „Physik I", Bd. 40 der Mentor-Reihe.

2.2 Zweites Gesetz

Das Gewicht eines in Wasser schwimmenden Körpers ist gleich dem Gewicht des verdrängten Wassers (Abb. 34).

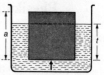

Abb. 34. Zweites Archimedisches Gesetz

Ein Holzwürfel von 4 cm Kantenlänge taucht 3 cm tief in Wasser ein. Er verdrängt $4 \cdot 4 \cdot 3 = 48$ cm³ Wasser, die 48 g wiegen. Das ist auch das Gewicht des Körpers: $m = 48$ g.

Aus dem Volumen $V = 4^3 = 64$ cm³ ergibt sich die Dichte:

$$\varrho = \frac{m}{V} = \frac{48}{64} = 0{,}75 \text{ (Holz)}$$

3. Arten der Energie

3.1 Wärmeenergie

Die Temperatur wird mit dem Thermometer gemessen und in Grad (°C) angegeben.

Um die Temperatur eines Körpers zu erhöhen, muß man ihm Wärme(energie) zuführen. Sie wird in Kilokalorien (kcal) gemessen.

Zum Erwärmen von 1 kg Wasser um 1° ist 1 kcal erforderlich.

Das Erwärmen von 60 kg Wasser um 50° erfordert

$$W = 60 \cdot 50 = 3\,000 \text{ kcal}$$

3.2 Elektrische Energie

Sie ist das Produkt aus Leistung mal Zeit und wird in Wattsekunden (Ws) bzw. in Kilowattstunden (kWh) angegeben:

$$E = L \cdot t$$
$$\text{Ws} \quad \text{W sec}$$

1 kWh = $1\,000 \cdot 3\,600 = 3\,600\,000$ Ws.

Wenn eine 75-Watt-Lampe 20 Stunden eingeschaltet ist, so hat das Elektrizitätswerk eine Energie von

$$E = 75 \cdot 20 = 1\,500 \text{ Wh} = 1{,}5 \text{ kWh geliefert.}$$

4. Leistung

Leistung ist die in 1 Sekunde vollbrachte Arbeit (vgl. 3.2).

$$\text{Leistung} = \frac{\text{Arbeit}}{\text{Zeit}}$$

4.1 Elektrische Leistung

In der Elektrizitätslehre wird die Spannung (U) in Volt und die Stromstärke (J) in Ampere gemessen.

Die Leistung (L) ist das Produkt aus Spannung mal Stromstärke und wird in Watt (W) bzw. Kilowatt (kW) angegeben:

$$L = U \cdot J$$
   Watt   Volt Ampere

Wird eine Glühlampe von 75 Watt in einen Stromkreis mit der Spannung 225 Volt geschaltet, so fließt ein Strom von $\frac{1}{3}$ Ampere.

4.2 Die mechanische Leistung mißt man in Pferdestärken (PS).

5. Neue Einheiten

5.1 Die Einheit der **Energie** (bzw. Arbeit) ist 1 Wattsekunde (Ws) bzw. 1 Kilowattstunde (kWh) = $3{,}6 \cdot 10^6$ Ws.

1 kcal = 4 200 Ws = 1,163 : 10^3 kWh

Umgekehrt: 1 kWh = 860 kcal.

5.2 Die Einheit der **Leistung** ist 1 Watt (W) bzw. 1 Kilowatt (kW).

1 PS = 0,736 kW ≈ $\frac{3}{4}$ kW

Umgekehrt: 1 kW = 1,36 PS.

Ein Auto von 75 PS hat eine Leistung von ≈ 56 kW

5.3 Die Einheit des **Druckes** ist 1 bar.

1 bar = 750 Torr

1 bar = 750 mm Quecksilbersäule = 10,2 m Wassersäule

Umgekehrt: 1 Torr = $\frac{1}{750}$ bar = 1,333 mbar

1 Torr = $\frac{1}{760}$ atm = 13,6 mm Wassersäule

6. Der Heizwert,
beispielsweise von Kohle, ist diejenige Wärmemenge, die 1 kg Kohle bei der Verbrennung liefert. Er beträgt etwa 7 000 kcal.

7. Der Wirkungsgrad

Jeder Maschine, die wir im täglichen Leben benutzen, wird Energie zugeführt, damit sie Arbeit leistet. Ein Motor, der durch elektrische Energie in Bewegung versetzt wird, treibt eine Pumpe an. Eine Ölheizung erzeugt Dampf, der zur Erwärmung der Wohnung dient.

In allen Fällen geht ein Teil der zugeführten Energie durch Reibung oder als Wärme an die Umgebung verloren. Deshalb ist die ausgenutze Energie (A) stets kleiner als die zugeführte Energie (Z).

Das Verhältnis $\frac{A}{Z}$ heißt Wirkungsgrad (η*) und wird meist in Prozent angegeben:

$$\text{Wirkungsgrad } \eta = \frac{\text{ausgenutzte Energie}}{\text{zugeführte Energie}} (< 1)$$

Bei der Verbrennung in den Öfen bleibt der Wirkungsgrad meist unter 20 %. Von den 7 000 kcal der Kohle (siehe 6) werden weniger als 1 400 kcal ausgenutzt.

---

* η (eta) ist das griechische e.

Stichwortverzeichnis

	Seite
Abschätzen	31, 75
Alkohol	116
Archimedes, Gesetze	123
Ausdehnung von Stoffen	32
Bankmäßige Zinsberechnung	96
bar	24
Barwert	99
Barzahlung	38, 44
Bedingungssatz	8
Bevölkerungsdichte	69
Bronze	111
Bruchstrich, Rechnen am	11, 31
Bruttoeinkommen	76
Bruttogewicht	81
Dichte	21, 117
Diskont auf 100	100
Diskont in 100	99
Dreisatz	7
—, zusammengesetzter	29
Druck	125
Durchschnittsgeschwindigkeit	109
Durchschnittsrechnung	107
Einheiten, neue	125
Einkommensteuer	76
Energie, elektrische	124
Fälligkeitstermin	105
Formel(n)	22, 89, 91, 92, 94, 97, 107, 108
Fragesatz	8
Gerade Linie	12
gerades Verhältnis	7, 10, 12, 14, 46, 95
Gesetze von Archimedes	123
Gewichtsprozente	119
Gewichtsrechnung	81
Gewinnrechnung	78
Goldlegierungen	111
größter gemeinsamer Teiler (ggT)	9
Grundwert	37

	Seite
Hebelgesetz	123
Heizwert	52, 125
Hyperbel	16
Kapital	82
Kirchensteuer	76
konstanter Quotient	10
konstantes Produkt	17
Kubikzahl	55
Legierung	111
Leistung	125
Lohnsteuer	76
Maßzahl	49
Meßgenauigkeit	74
Mischungsrechnung	111
Näherungsrechnung	73
Nettoeinkommen	76
Nettogewicht	81
Neue Einheiten	125
Planeten	25
Produkt, konstantes	17
Produktprobe	18
Promillerechnung	53
Prozentrechnung	35
Prozentsatz	37
Prozentsätze in 100 enthalten	38
Quadratwurzel	55
Quotient, konstanter	10
Rabattrechnung	35
Rate(n)	103
Rechnen am Bruchstrich	11, 31
Schließen von der Einheit auf die Vielheit und umgekehrt	7
Schuldsumme	103
Senkwaage	23
Sole	115
Spiritus	116
Statistiken	60
Steuerberechnung	76

	Seite
Tara	81
Terminrechnung	103
Tiefgang	23, 51
Umgekehrtes Verhältnis	15, 21, 46, 95
Unkostenrechnung	81
Verhältnisbegriff	10
Verhältnis, gerades	7, 10, 12, 14, 46
—, umgekehrtes	15, 21, 46, 95
Verlustrechnung	80
Versicherungsprämie	53
Volumen	22
Volumenprozente	119

	Seite
Wärmeenergie	124
Wirkungsgrad	52, 125
Wurzelziehen	55
Zahlungstermin	103
Zeichnerische Darstellung von Statistiken	60
— Lösung von Aufgaben	13, 19
— Veranschaulichung	12, 16
Zinsberechnung, bankmäßige	96
Zinsen	82
Zinseszins	88, 102
Zinsfuß	82
Zinsrechnung	82
Zurückdiskontieren	102

MENTOR-REPETITORIEN

Sie bieten eine klar gegliederte Zusammenfassung der betreffenden Wissensgebiete. Instruktive Beispiele und Aufgaben, einfache Lösungswege und Lösungen helfen dem Lernenden, sein Wissen zu festigen und zu vertiefen.

Mathematik

MR 1 Rechnen I
MR 2 Rechnen II
MR 3 Rechnen III
MR 5 Geometrie der Ebene I
MR 6 Geometrie der Ebene II
MR 7 Geometrie der Ebene III
MR 13 Ebene Trigonometrie I
MR 14 Ebene Trigonometrie II
MR 22 Algebra I
MR 23 Algebra II
MR 24 Algebra III
MR 26 Analytische Geometrie I
MR 27 Analytische Geometrie II
MR 28 Mathemat. Übungsaufgaben mit einer Unbekannten
MR 29 Mathemat. Übungsaufgaben mit mehreren Unbekannten und Gleichungen höheren Grades
MR 33 Differentialrechnung I
MR 34 Differentialrechnung II
MR 35 Integralrechnung I
MR 36 Integralrechnung II
MR 39 Mathematische Formeln

Physik

MR 40 Physik I
MR 41 Physik II
MR 42 Physik III

Chemie

MR 45 Allgemeine Chemie
MR 46 Anorganische Chemie
MR 47 Organische Chemie I
MR 48 Organische Chemie II

Fremdsprachen

MR 60 Englisch I
MR 61 Englisch II
MR 66 Französisch I
MR 67 Französisch II
MR 70 Lateinisch

Deutsch

MR 81 Wegweiser zum richtigen Deutsch
MR 83 Deutscher Aufsatz I
MR 84 Deutscher Aufsatz II
MR 85 Deutscher Aufsatz III

Die Reihe der Mentor-Repetitorien wird fortgesetzt.
Jeder Band: Format $12,5 \times 19$ cm.

Sie erhalten
die praktischen Mentor-Repetitorien bei Ihrem Buchhändler.